信息管理与信息系统创新应用系列教材

Web 程序开发实验教程

于小兵　编著

科学出版社
北京

内 容 简 介

本书共分 9 个章节，循序渐进地介绍了 Web 开发的常用技术，并以上机实验的形式呈现，方便读者实践，具体内容包括 HTML、JavaScript、ASP.NET 基本控件、ASP.NET 内置服务器对象、ASP.NET 数据库访问、基于存储过程的增删改查、Web Service 和 Ajax、企业进销存管理系统研究与设计、应急值守系统，使读者由浅入深地全面掌握 Web 系统开发的各个知识点和环节，能够独立从事 Web 系统的开发工作。

本书由浅入深、循序渐进、案例典型、轻松易学、面向实训教育，可作为高等院校应用型本科、专科及职业院校计算机类、信息类相关专业的辅导用书，也可以作为培训班的培训教材，还可供从事 ASP.NET 开发和应用的相关人员学习及参考。

图书在版编目（CIP）数据

Web 程序开发实验教程 / 于小兵编著. —北京：科学出版社，2018.6
信息管理与信息系统创新应用系列教材
ISBN 978-7-03-057923-2

Ⅰ. ①W… Ⅱ. ①于… Ⅲ. ①网页制作工具-程序设计-高等学校-教材 Ⅳ. ①TP393.092

中国版本图书馆 CIP 数据核字（2018）第 128374 号

责任编辑：惠 雪 沈 旭 冯 钊 / 责任校对：王晓茜
责任印制：张克忠 / 封面设计：许 瑞

科学出版社 出版
北京东黄城根北街 16 号
邮政编码：100717
http://www.sciencep.com

天津市新科印刷有限公司 印刷
科学出版社发行 各地新华书店经销
*

2018 年 6 月第 一 版　开本：720×1000　1/16
2018 年 6 月第一次印刷　印张：13 3/4
字数：278 000
定价：59.00 元
（如有印装质量问题，我社负责调换）

前　　言

随着互联网的飞速发展，网上信息越来越多，各种 Web 平台层出不穷。目前，主流的 Web 开发平台有 ASP.NET、Java、PHP、ASP、Perl 等。与 Java、PHP、ASP、Perl 相比，ASP.NET 具有简单方便、上手快、性能优、生产效率较高及完整性强等特点。作为微软公司推出的新一代动态 Web 应用程序开发平台，该平台逐渐得到了 IT 界的认可。

本书是面向实践的创新教程，在讲解 Web 开发基础知识的基础上，将企业开发过程中的主流技术，如存储过程的实现、Web Service 和 Ajax 进行了系统讲解。本书突出以过程实现为导向，以单元知识点的实现为基础，突出实践、实训教育的特色，侧重培养学生的代码编写、功能实现与系统分析能力。

Web 程序开发，最基本的要求是前台要美观、后台要稳定、安全和响应快速。ASP.NET 在这方面具有一定的优势。作为一本面向职业教育的入门实验教程，不可能、也没有必要将所有的标签、控件一一罗列出来进行简单的介绍，而是从学习者的认知规律和 Web 系统的实际需求出发。本书共设计了 9 个章节，每个章节都包括了大量的实验内容。第 1 章和第 2 章主要介绍了 HTML 和 JavaScript。它们是前台的表示技术，做 Web 开发的基础。第 3~7 章重点介绍了 ASP.NET 基本控件、ASP.NET 内置服务器对象、ASP.NET 数据库访问、基于存储过程的增删改查、Web Service 和 Ajax。它们是 ASP.NET 的核心知识，也是 Web 系统开发过程中经常会使用到的技术。最后，通过企业进销存管理系统研究与设计和应急值守系统的实际案例，系统讲解了如何进行 Web 系统的可行性分析、需求分析、系统数据流程图、系统业务流程图和数据库设计等工作。这些内容都是按照由易到难、由简单到复杂的顺序进行设置的。

本书的主要特点如下：

（1）由浅入深、循序渐进。本书从 Web 开发的基础学起，再学习 ASP.NET 的核心知识，最后介绍 Web 系统的开发。由浅入深、循序渐进，使读者在阅读时一目了然，从而快速熟悉教程里面的内容。

（2）面向实训教育。本书是作者在总结了多年教学、开发经验的基础上编写的。通过本书的学习，读者能够快速应用 ASP.NET 的相关技术进行 Web 系统的开发。本书以能力培养为目标，突出实践地位，是一本面向实训教育的教学辅导教材。

（3）典型案例，轻松易学。本书通过知识点＋实验的模式，透彻详尽地讲述了实际开发中所需的各类知识，让读者能够在实验的过程中，轻松地理解相关知识点和概念，并能够应用到实际的项目开发过程中。

本书主要面向高等院校应用型本科、专科及职业院校计算机类、信息类相关专业，可以作为上机实习和集中实践教材。本书强调知识点的应用，实现高校应用型本科及高等职业教育提高学生动手实践能力的目标，符合现代教育教学对教材的需求。

本书编写得到了南京信息工程大学管理工程学院江苏高校优势学科建设工程资助项目和信息管理与信息系统江苏高校品牌专业建设工程的资助，得到了信息管理与信息系统专业朱晓东、曹玲、李敏等同事的大力支持，得到了科学出版社惠雪编辑的多次指导。在此，对大家的辛勤工作表示衷心的感谢。本书在编写过程中，还参考了近年来出版的 Web 开发方面的书籍，特别是 ASP.NET 的相关专著、教材及期刊，以及互联网上的相关资料，在此一并表示感谢。

Web 技术发展十分迅速，加之作者水平有限，书中难免有不足之处，希望读者给予指正。

于小兵
2018 年 3 月 1 日

目 录

前言
第 1 章 HTML ···1
  1.1 HTML5 ···1
  1.2 HTML 表单 ···1
  1.3 HTML 表格 ···5
第 2 章 JavaScript ···8
  2.1 认识 JavaScript ···8
  2.2 JavaScript 开发工具 ··8
  2.3 JavaScript 认知实验 ··12
  2.4 认识语句和符号 ··16
  2.5 DOM ···20
  2.6 jQuery ··34
第 3 章 ASP.NET 基本控件 ···36
  3.1 开发工具 ···36
  3.2 Label 控件和 TextBox 控件 ···39
  3.3 Button 控件 ··43
  3.4 ImageButton 控件 ··46
  3.5 ListBox 控件 ··48
  3.6 DropDownList 控件 ···51
  3.7 RadioButton 控件 ··54
  3.8 CheckBox 控件 ··57
  3.9 FileUpload 控件 ···59
  3.10 验证控件 ···63
  3.11 控件综合实验 ···66
第 4 章 ASP.NET 内置服务器对象 ··71
  4.1 ASP.NET 内置对象概述 ···71
  4.2 Response 对象 ··71
  4.3 Request 对象 ··73

  4.4 Server 对象 ·········· 76
  4.5 Application 对象 ·········· 79
  4.6 Session 对象 ·········· 82
  4.7 Cookie 对象 ·········· 85
第 5 章 **ASP.NET 数据库访问** ·········· 88
  5.1 ADO.NET 数据库访问 ·········· 88
  5.2 Connection 对象 ·········· 89
  5.3 Command 对象 ·········· 92
  5.4 DataReader 对象 ·········· 98
  5.5 DataAdapter 对象 ·········· 101
  5.6 DataSet 对象 ·········· 104
  5.7 GridView 控件 ·········· 107
  5.8 Repeater 控件 ·········· 118
第 6 章 **基于存储过程的增删改查** ·········· 123
  6.1 存储过程 ·········· 123
  6.2 实验准备 ·········· 125
  6.3 增加操作的实验 ·········· 125
  6.4 修改操作 ·········· 130
  6.5 删除操作 ·········· 136
  6.6 查询操作 ·········· 138
第 7 章 **Web Service 和 Ajax** ·········· 143
  7.1 Web Service 简介 ·········· 143
  7.2 Web Service 实验 ·········· 143
  7.3 基于 Ajax 的调用模式 ·········· 159
第 8 章 **企业进销存管理系统研究与设计** ·········· 162
  8.1 研究目的与意义 ·········· 162
  8.2 系统分析 ·········· 162
  8.3 系统设计 ·········· 167
  8.4 数据库设计 ·········· 171
  8.5 系统实现 ·········· 175
第 9 章 **应急值守系统** ·········· 185
  9.1 研究目的及意义 ·········· 185
  9.2 系统业务流程分析 ·········· 185

9.3 系统体系结构 ……………………………………………………… 187
9.4 系统设计 …………………………………………………………… 188
9.5 数据库设计 ………………………………………………………… 190
9.6 系统实现 …………………………………………………………… 192
参考文献 …………………………………………………………………… 211

第 1 章　HTML

1.1　HTML5

HTML5 是用于取代 1999 年所制定的 HTML4.01 和 XHTML1.0 标准的 HTML（标准通用标记语言下的一个应用）标准版本，现在仍处于发展阶段，但大部分浏览器已经支持某些 HTML5 技术。HTML5 有两大特点：

（1）强化了 Web 网页的表现性能。
（2）追加了本地数据库等 Web 应用的功能。

广义论及 HTML5 时，实际指的是包括 HTML、CSS 和 JavaScript 在内的一套技术组合。

1.2　HTML 表单

1.2.1　HTML 表单基础

表单标记是 HTML 的核心内容之一。它主要用来定义一个交互式的输入界面，它与通用网关接口技术紧密相连。

基本语法：

```
<form action="url" method="post/get">
<input type="submit"><input type="reset">
</form>
```

其中，action 参数是一个指向表单所需的外部服务程序的名字；method 参数是当按 submit 按钮时，通知服务器接受客户端要求的处理方式；method 的方式可以是 post，也可以是 get，一般用 post，因为它对传给服务器的资料没有长度的限制。

表单中提供给用户的输入形式为

```
<input type= name= value= size= maxlength= >
```

其中，name 由程序开发人员根据需要来命名；value 为每种输入元素的初始值；size 为每种输入元素定义的显示长度；maxlength 为每个表单中的元素定义可输入数据的长度。

type 取值有如下几种形式：
Text 和 Textarea　　把输入的数据定义成字符数据；
Password　　把输入的数据定义成字符数据，但在客户端的表单中以*来显示；
Checkbox　　为客户提供一个复选框；
Select　　为客户提供一个下拉列表框；
Radio　　为客户提供一个单选框；
Image　　图形提交；
Hidden　　隐藏所提交的内容；
Submit　　提交；
Reset　　重新生成输入；
Text，Password　　文字输入和密码输入（这种模式为单行模式）。

1.2.2　HTML 表单实验

请利用 HTML5 的表单知识，借助 Adobe Dreamweaver 或 Microsoft Visual Studio 2012，设计出如图 1-1 所示的界面。

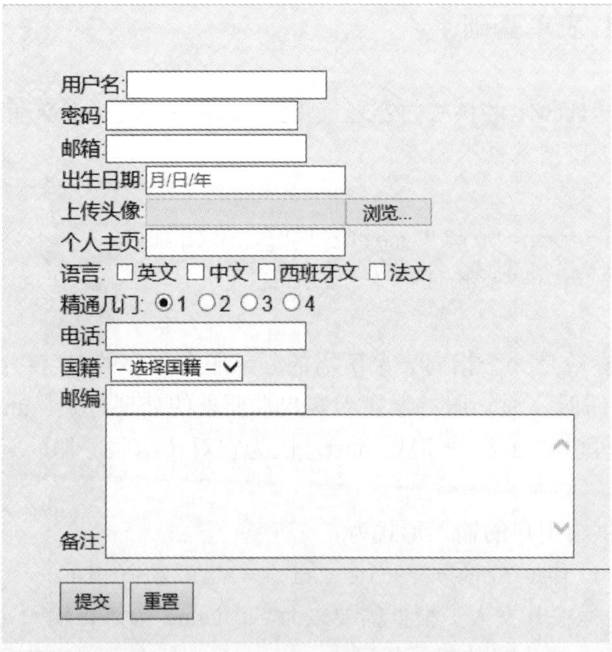

图 1-1　界面

实验核心代码如下:

```html
    <!--Begin Form-->
<form id="my-form">
<div>
<label>用户名:</label>
<input id="username" name="username" type="text"/>
</div>

<div>
<label>密码:</label>
<input id="pass" name="password" type="password"/>
</div>

<div>
<label>邮箱:</label>
<input id="email" name="email" type=" text"/>
</div>

<div>
<label>出生日期:</label>
<input name="date" type="text"/>
</div>

<div>
<label>上传头像:</label>
<input id="file" name="file" multiple type="file"/>
</div>

<div>
<label>个人主页:</label>
<input name="website" type="text"/>
</div>

<div id="languages">
    <label>语言:</label>
    <label><input type="checkbox" name="langs1" value="English"/>英文</label>
    <label><input type="checkbox" name="langs1" value="Chinese"/>中文</label>
```

```html
        <label><input type="checkbox" name="langs1" value="Spanish"/>西班牙文</label>
        <label><input type="checkbox" name="langs1" value="French"/>法文</label>
    </div>

    <div>
        <label>精通几门:</label>
        <label><input type="radio" name="langs2" checked/>1</label>
        <label><input type="radio" name="langs2"/>2</label>
        <label><input type="radio" name="langs2"/>3</label>
        <label><input type="radio" name="langs2"/>4</label>
    </div>

    <div>
        <label>电话:</label>
        <input type="text" name="phone"/>
    </div>

    <div>
        <label>国籍:</label>
        <select id="states" name="states">
        <option value="default">选择国籍</option>
        <option value="AL">阿拉伯</option>
        <option value="AK">中国</option>
        <option value="AZ">美国</option>
        <option value="AR">法国</option>
        <option value="CA">英国</option>
        <option value="CO">德国</option>
        <option value="CT">西班牙</option>
        <option value="DE">俄罗斯</option>
        </select>
    </div>

    <div>
        <label>邮编:</label>
        <input type="text" name="zip"/>
    </div>

    <div>
```

```
    <label>备注:</label>
    <textarea id="comments" name="comments"></textarea>
</div>

<div>
    <button type="submit">提交</button>
    <button id="reset" type="button">重置</button>
</div>
</form>
<!--End Form-->
```

1.3　HTML 表格

1.3.1　HTML 表格基础

表格基本结构如下:
```
<table>
  <caption>表的标题</caption>
  <tr>
      <th>列的标题</th>
  </tr>第一行
  <tr>
      <td>数据单元</td>……
  </tr>第二行
          ………………
</table>
```
带边框的表格如下:
```
<table border=#>
   <tr>
   <th>name</th>
   <th>age</th>
   <th>male/female</th>
</tr>
<tr>
    <td>smith</td>
    <td>25</td>
```

```
        <td>male</td>
    </tr>
</table>
```
不带边框的表格如下：
```
<table border=0>
    <tr>
        <th>name</th>
        <th>age</th>
        <th>male/female</th>
    </tr>
    <tr>
        <td>smith</td>
        <td>25</td>
        <td>male</td>
    </tr>
</table>
```

1.3.2　HMTL 表格实验

请利用 HTML5 的基本知识，设计出如图 1-2 所示的界面。

图 1-2　表格界面

核心代码如下：

```
<table border="1" align="center">
    <tr>
        <th>产品/季度</th>
        <th>一季度</th>
        <th>二季度</th>
```

```html
            <th>三季度</th>
            <th>四季度</th>
        </tr>
    <tr bgcolor="#66FFCC">
            <th>奥克斯空调</th>
            <td>20000</td>
            <td>565454</td>
            <td>565400</td>
            <td>324567</td>
            </tr>
    <tr>
            <th>海尔空调</th>
            <td>22345</td>
            <td>34655</td>
            <td>44345</td>
            <td>24534</td>
        </tr>
        <tr bgcolor="#66FFCC">
            <th>美的空调</th>
            <td>134324</td>
            <td>217876</td>
            <td>253434</td>
            <td>243543</td>
            </tr>
        <tr>
            <th>格力空调</th>
            <td>47867</td>
            <td>55465</td>
            <td>763443</td>
            <td>54366</td>
            </tr>
</table>
```

第 2 章　JavaScript

2.1　认识 JavaScript

JavaScript 是一种脚本语言，是一种动态类型、弱类型、基于原型的语言，内置支持类型。它的解释器被称为 JavaScript 引擎，为浏览器的一部分，广泛用于客户端的脚本语言，最早是在 HTML 网页上使用，用来给 HTML 网页增加动态功能。

1995 年，JavaScript 由网景通信公司（简称网景）的 Brendan Eich 在网景导航者浏览器上首次设计实现而成。因为网景与 Sun 合作，网景管理层希望它外观看起来像 Java，因此取名为 JavaScript。JavaScript 的主要特点为：

（1）它是客户端脚本。
（2）所有主流浏览器都支持 JavaScript。
（3）目前，全世界大部分网页都使用 JavaScript。
（4）它可以让网页呈现各种动态效果。

2.2　JavaScript 开发工具

作为一名 Web 开发师，如果你想提供漂亮的网页、令用户满意的上网体验，JavaScript 是必不可少的工具。

只要有文本编辑器和浏览器即可开始 JavaScript 的学习。推荐使用工具 Sublime Text3，下载地址为 https://www.sublimetext.com/3（图 2-1）。

图 2-1　Sublime Text3 的下载页面

根据自己的操作系统选择适合的版本。该软件操作简单。以打开一个 HTML 文档为例。

第一步：选择【文件】→【新建文件】选项，如图 2-2 所示。

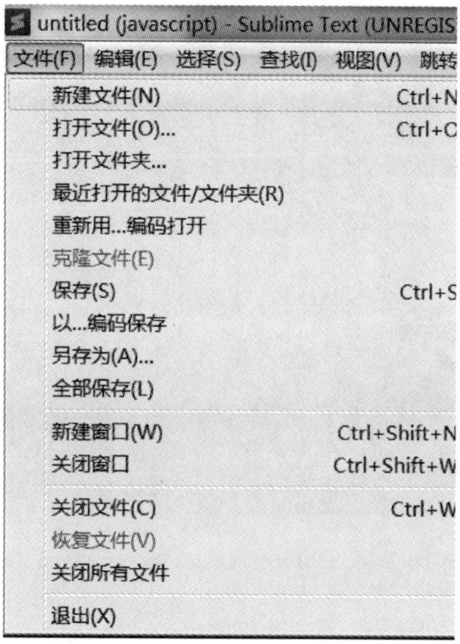

图 2-2　Sublime Text3 新建文件

第二步：选择【语法】选项，如图 2-3 所示。

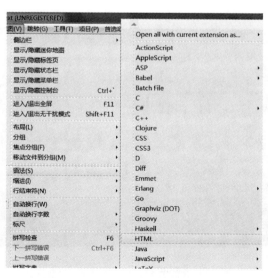

图 2-3　Sublime Text3 选择语法界面

选择【HTML】选项。

第三步：输入代码，实现功能，如图 2-4 所示。在英文输入法状态下输入，然后按 Tab 键，即可获得 HTML 的基本文档。

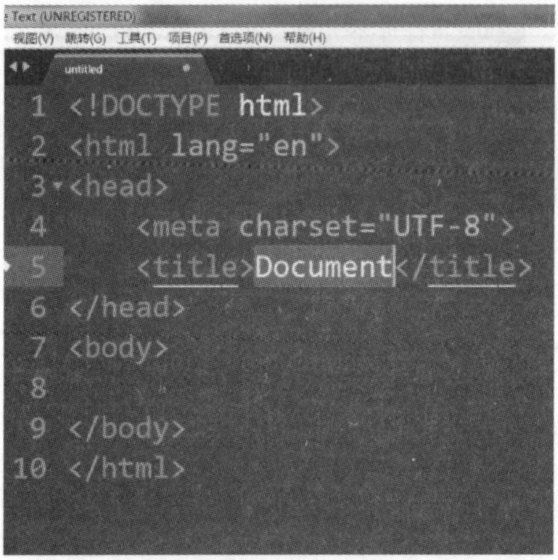

图 2-4 Sublime Text3 输入代码界面

Sublime Text3 有很多插件。常用插件与安装方式如下：

第一步：按 Ctrl + Shift + P 键会出现弹窗，在弹窗中选择第一项，如图 2-5 所示。

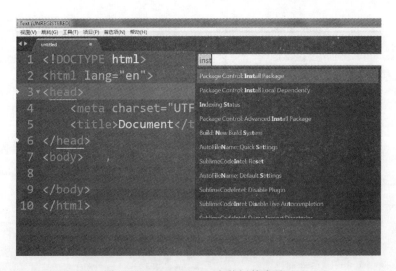

图 2-5 Sublime Text3 安装插件步骤 1

第二步:在出现的窗口中输入想要安装的插件的名字,然后单击【安装】即可,如图 2-6 所示。

图 2-6 Sublime Text3 安装插件步骤 2

常用插件如下:
AutoFileName//自动补全路径。
AngularJS   //AngularJS 代码提示。
Emmet   //emment 代码前端插件。
Theme-Afterglow   //主题颜色。
Sublimerge   //文件比对工具。
SublimeCodeTntel   //全面的代码提示工具,可自行配置。
Ionic Framework Extended Autocomplete   //ionic 代码提示。
Sass   //scss 代码高亮显示。
CanIUse   //检测元素兼容性。
CSSComb//CSS 代码属性排序,保证代码按照标准属性位置书写。
Alignment   //javascript 代码自动对齐。
SideBarEnhancements   //右键自动补全工具。
TypeScript   //javascript 代码提示插件。
SublimeGit   //git 工具。
Autoprefixer   //CSS3 私有属性自动补全前缀。
CSS3   //CSS3 语法高亮、CSS 语法提示,美中不足的是缺少浏览器私有属性高亮。
CSS Extended Completions   //关联 CSS 文件,智能提示 CSS 文件中的类名,非常好用。

ColorHighlighter   //它可以展示你所选择的颜色代码。

BracketHighlighter   //括号以及标签层级显示，不用担心选中的代码属于哪个代码块，一目了然。

浏览器：推荐使用谷歌浏览器。

调试面板介绍：按 F12 键打开调试面板，如图 2-7 所示。

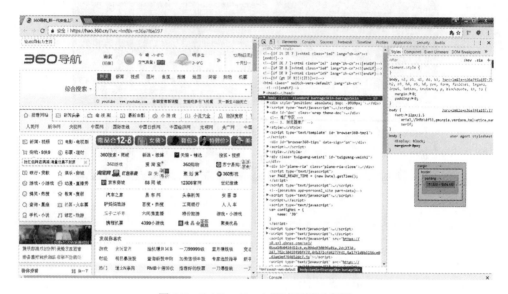

图 2-7　Sublime Text3 调试面板示意图

常用的面板如下：

Elements：可以查看所打开网页的网页结构。

Console：面板可以作为一个简单的输出面板。

Sources：面板可以打开 js 文件进行程序的调试——设断点、查看变量、单步执行等调试操作。

2.3　JavaScript 认知实验

学习 JavaScript 的起点就是处理网页，所以先学习基础语法和如何使用 DOM 进行简单操作。首先看下面的这段代码：

```
<!DOCTYPE html>
<html lang="en">
<head>
    <meta charset="UTF-8">
```

```
    <title>开始javascript的学习</title>
</head>
<body>
    <script type="text/javascript">
        alert('hello world!');
        console.log('hello world!');
        document.write('hello world! ');
    </script>
</body>
</html>
```

通过上面实验的脚本,您将会得到一个显示【hello world!】的弹出框,如图 2-8 所示。

图 2-8　代码运行效果图

在控制面板 Console 上打印的【hello world!】以及在页面上打印的【hello world!】(调试面板可以按 F12 键打开)如图 2-9 所示。

图 2-9　代码运行效果图(调试面板打开后)

我们来看看如何在 HTML 中写入 JavaScript 代码。你只需一步操作，使用＜script＞标签在 HTML 网页中插入 JavaScript 代码。＜script＞标签要成对出现，并把 JavaScript 代码写在＜script＞＜/script＞之间，如图 2-10 所示。

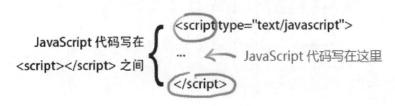

图 2-10　JavaScript 代码位置

＜script type="text/javascript"＞表示在＜script＞＜/script＞之间的是文本类型（text），JavaScript 是为了告诉浏览器里面的文本是属于 JavaScript 语言。

JavaScript 作为一种脚本语言可以放在 HTML 页面中的任何位置，但是浏览器解释 HTML 时是按先后顺序的，所以前面的＜script＞标签就先被执行。比如进行页面显示初始化的 JavaScript 必须放在 head 里面，因为初始化都要求提前进行（如给页面 body 设置 css 等）；而如果是通过事件调用执行的函数，那么对位置没什么要求。

使用 DOM 的方法获取节点时，如果将获取节点的 JavaScript 代码放置在 head 里面，会报错，如下面的例子所示，获取标签 title 的节点信息。代码运行效果如图 2-11 所示。

```
<!DOCTYPE html>
<html lang="en">
<head>
    <meta charset="UTF-8">
    <script type="text/javascript">
        var test=document.getElementById('test');
        alert(test.innerText);
    </script>
    <title id="test">获取节点</title>
</head>
<body>
```

因为此时 HTML 的 DOM 模型还未渲染好，就通过 JavaScript 去获取这个节点，所以是无法获取到的，应当将代码放置在 HTML 文档的结构后执行。

上面的实验是将 JavaScript 放在 HTML 代码里面。那么，如何引用 JavaScript 外部文件呢？

图 2-11 代码运行效果

第一步：将上述实验的<script>标签中的 JavaScript 代码独立出来，并保存为后缀为 js 的文件，如图 2-12 所示。

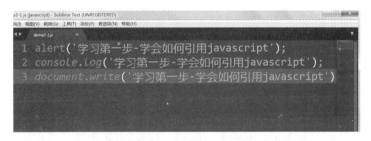

图 2-12 单独 js 代码

第二步：通过<script>标签的 src 属性引入 HTML 文件（图 2-13）。

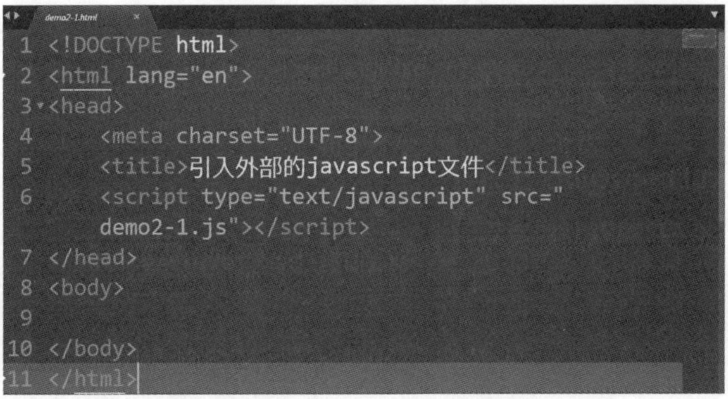

图 2-13 JavaScript 代码引入 HTML 文件

2.4 认识语句和符号

2.4.1 JavaScript 语句和符号

JavaScript 语句是发给浏览器的命令。这些命令的作用是告诉浏览器要做的事情。每一句 JavaScript 代码格式如下：
先来看看下面代码

```
<script type="text/javascript">
    alert("hello!");
</script>
```

例子中的 alert("hello!"); 就是一个 JavaScript 语句。一行的结束就被认定为语句的结束，通常在结尾加上一个 ";" 来表示语句的结束。

看看下面这段代码，有三条语句，每句结束后都有 ";"，按顺序执行语句。

```
<script type="text/javascript">
    document.write("I");
    document.write("love");
    document.write("JavaScript");
</script>
```

注意：
（1）";"要在英文状态下输入，同样，JavaScript 中的代码和符号都要在英文状态下输入。
（2）虽然 ";" 也可以不写，但我们要养成编程的好习惯，记得在语句末尾写上分号。

JavaScript 变量。从字面上看，变量是可变的量；从编程角度讲，变量是用于存储某种/某些数值的存储器。我们可以把变量看作一个盒子，为了区分盒子，可以用 BOX1、BOX2 等名称代表不同盒子，BOX1 就是盒子的名字（也就是变量的名字）（图 2-14）。

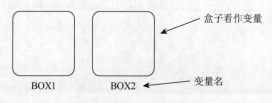

图 2-14 JavaScript 变量

定义变量使用关键字 var，语法如下：
var 变量名
变量名可以任意取名，但要遵循命名规则：
（1）变量必须使用字母、下划线（_）或者美元符（$）开始。
（2）可以由任意多个英文字母、数字、下划线（_）或者美元符（$）组成。
（3）不能使用 JavaScript 关键词与 JavaScript 保留字。
变量要先声明再赋值，如下：
var mychar;
mychar="javascript";
var mynum=6;
变量可以重复赋值，如下：
var mychar;
mychar="javascript";
mychar="hello";
注意：
（1）在 JavaScript 中区分大小写，如变量 mychar 与 myChar 是不一样的，表示两个变量。
（2）变量虽然可以不声明，直接使用，但不规范，需要先声明，后使用。

2.4.2 认识语句和符号的实验

1）alert
语法：
alert（字符串或变量）;

```
<!DOCTYPE html>
<html lang="en">
<head>
    <meta charset="UTF-8">
    <title>alert 消息框</title>
</head>
<body>
    <script type="text/javascript">
        //我们在访问网站的时候,有时会突然弹出一个小窗口,上面写着一段提示信息文字。如果你不点击"确定",就不能对网页做任何操作,这个小窗口就是使用 alert 实现的。
        alert("我喜欢JavaScript")
```

```
        </script>
</body>
</html>
```

上述程序代码运行结果如图 2-15 所示。

图 2-15　alert 实验

2）confirm 消息对话框

语法：

confirm（str）;

参数说明：

str：在消息对话框中要显示的文本。

返回值类型：Boolean 值。

返回值：

当用户单击【确定】按钮时，返回 true。

当用户单击【取消】按钮时，返回 false。

注意：

通过返回值可以判断用户单击了什么按钮。

```
<!DOCTYPE html>
<html lang="en">
<head>
    <meta charset="UTF-8">
    <title>confirm</title>
</head>
<body>
    <script type="text/javascript">
    //confirm 消息对话框通常用于允许用户做选择的动作,如："你对吗？"等。弹
出对话框(包括一个确定按钮和一个取消按钮)。
```

```
        var mymessage=confirm("你愿意学习JavaScript吗？");
        if(mymessage==true)
        {   document.write("那就加油吧");      }
        else
        {   document.write("没事,还有其他的选择");    }
</script>
</body>
</html>
```

上述程序运行代码如图2-16所示。

图 2-16 confirm 实验

3）JavaScript-提问（prompt 消息对话框）

prompt 弹出消息对话框，通常用于询问一些需要与用户交互的信息，弹出消息对话框（包含一个【确定】按钮、【取消】按钮与一个文本输入框，见图2-17）。

图 2-17 prompt 实验

语法：
prompt（str1，str2）;
参数说明：
str1：显示在消息对话框中的文本，不可修改。

str2：文本框中的内容，可以修改。

返回值：

（1）单击【确定】按钮，文本框中的内容将作为函数返回值。

（2）单击【取消】按钮，将返回 null。

```html
<!DOCTYPE html>
<html lang="en">
<head>
    <meta charset="UTF-8">
    <title>prompt</title>
</head>
<body>
    <script type="text/javascript">
    var myname=prompt("请输入你的姓名:");
    if(myname !=null)
      {
        document.write("你好"+myname);
      }else{
        document.write("你好my friend.");
      }
    </script>
</body>
</html>
```

2.5 DOM

2.5.1 DOM 基础

DOM 即文档对象模型，是针对 HTML 和 XML 文档的一个应用程序编程接口（API）。DOM 描绘了一个层次化的节点树，允许开发人员添加、移除和修改页面的某一部分。

HTML 文档中的所有内容都是节点：

（1）整个文档是一个文档节点。

（2）每个 HTML 元素是元素节点。

（3）HTML 元素内的文本是文本节点。

（4）每个 HTML 属性是属性节点。

（5）注释是注释节点。

即组成 HTML 文档的单元。HTML DOM 将 HTML 文档视作树结构。这种结构被称为节点树。接下来以图 2-18 为例，对一个简单的网页来进行说明这种树结构。

图 2-18　一个简单的 DOM 例子

这份文档可以用以下的模型来进行描述：

如图 2-19 中的<h1>、<p>等为元素节点；元素节点<h1>中的文本"课程表"为文本节点，元素节点<a>中的属性"href"为属性节点；节点树中的节点彼此拥有层级关系。

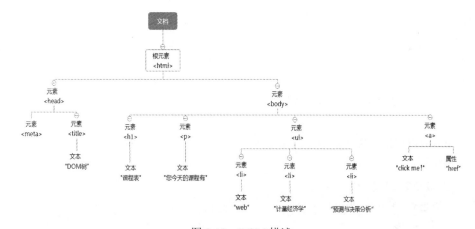

图 2-19　DOM 描述

父（parent）、子（child）和同胞（sibling）等术语用于描述这些关系。父节点拥有子节点，同级的子节点被称为同胞（兄弟或姐妹）。

（1）在节点树中，顶端节点被称为根（root）。
（2）每个节点都有父节点，除了根（它没有父节点）。
（3）一个节点可拥有任意数量的子。
（4）同胞是拥有相同父节点的节点。

DOM 的主要方法如表 2-1 所示。

表 2-1　DOM 的主要方法

方法	描述	返回值
getElementById（）	获取节点的方法	返回带有指定 ID 的元素
getElementsByTagName（）	获取节点的方法	返回包含带有指定标签名称的所有元素的节点列表（集合/节点数组），即一个 nodeList 类型的值
getElementsByClassName（）	获取节点的方法	返回包含带有指定类名的所有元素的节点列表，即一个 nodeList 类型的值
appendChild（）	把新的子节点添加到指定节点	返回被插入的节点
removeChild（）	删除子节点	返回被移除的节点
replaceChild（）	替换子节点	返回被替换掉的节点
insertBefore（）	在指定的子节点前面插入新的子节点	返回所插入的节点
createAttribute（）	创建属性节点	
createElement（）	创建元素节点	
createTextNode（）	创建文本节点	
getAttribute（）	获取节点属性的方法	返回指定的属性值
setAttribute（）	把指定属性设置或修改为指定的值	

2.5.2　innerHTML 属性实验

innerHTML 属性可以获取元素内容。

例子：

```
<!DOCTYPE html>
<html lang="en">
<head>
    <meta charset="UTF-8">
    <title>innerHTML 属性</title>
</head>
<body>
    <p id="test">innerHTML 属性用于获取或替换 HTML 元素的内容。</p>
    <script type="text/javascript">
        var test=document.getElementById('test');
```

```
            var content=test.innerHTML;
            document.write（content）;
        </script>
    </body>
</html>
```

如上的代码将获取 id 为 test 的 p 元素中的内容，并打印出来，程序运行结果如图 2-20 所示。

图 2-20　innerHTML 实验效果

2.5.3　访问 HTML 元素实验

访问 HTML 元素等同于访问节点，可以用如下三种不同的方式来访问 HTML 元素：

（1）通过使用 getElementById（）方法。
（2）通过使用 getElementsByTagName（）方法。
（3）通过使用 getElementsByClassName（）方法。

演示：

通过不同的方法访问到相同的节点，运用某个方法时，注意在其他方法前添加//注释符号。

```
<!DOCTYPE html>
<html lang="en">
<head>
    <meta charset="UTF-8">
    <title>如何获取元素</title>
    <style type="text/css">
        .test{
            width:100px;
            height:100px;
            background-color:#FFD2D2;
        }
```

```
        </style>
    </head>
    <body>
        <div class="test" id="test" name="test">hello javascript!</div>
        <script type="text/javascript">
            //var node=document.getElementById('test');
            //var node=document.getElementsByTagName('div')[0];
            //var node=document.getElementsByName('test');
            var node=document.getElementsByClassName('test')[0];
            var content=node.innerText;
            document.write("节点中的内容是"+content);
        </script>
    </body>
</html>
```

程序运行结果如图 2-21 所示。

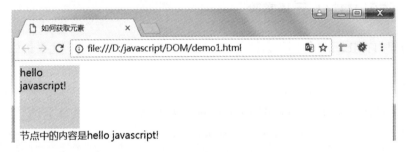

图 2-21　访问 HTML 实验

2.5.4　改变 HTML 内容实验

通过 document.getElementById 方法改变页面显示效果。程序运行前，显示如图 2-22 所示，程序运行后，显示如图 2-23 所示的界面。代码如下：

```
<!DOCTYPE html>
<html lang="en">
<head>
    <meta charset="UTF-8">
    <title>DOM 树</title>
</head>
<body>
```

```
        <h1>课程表</h1>
        <p>您今天的课程有</p>
        <ul id="test">
            <li>web</li>
            <li>计量经济学</li>
            <li>预测与决策分析</li>
        </ul>
        <a href="#">click me!</a>
        <script type="text/javascript">
            //修改文本节点为web的li节点为"客户关系管理"
            var test=document.getElementById('test');
            var liNodes=test.getElementsByTagName('li');
            liNodes[0].innerHTML='客户关系管理';
        </script>
</body>
</html>
```

图 2-22 改变之前 HTML 内容实验

图 2-23 改变之后 HTML 内容实验

2.5.5 改变 CSS 样式实验

```
<!DOCTYPE html>
<html lang="en">
<head>
    <meta charset="UTF-8">
    <title>DOM 树</title>
</head>
<body>
```

```
        <h1>课程表</h1>
        <p>您今天的课程有</p>
        <ul id="test">
            <li>web</li>
            <li>计量经济学</li>
            <li>预测与决策分析</li>
        </ul>
        <a href="#">click me!</a>
        <script type="text/javascript">
            //让文本节点为web的li节点的背景变为红色"
            var test=document.getElementById('test');
            var liNodes=test.getElementsByTagName('li');
            liNodes[0].style.backgroundColor='red';
        </script>
    </body>
</html>
```

上述程序运行结果如图 2-24 所示。

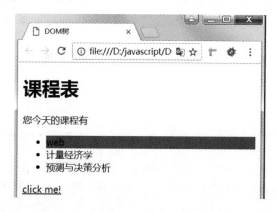

图 2-24 改变 CSS 样式之后的实验效果

2.5.6 改变 HTML 属性实验

```
<!DOCTYPE html>
<html lang="en">
<head>
    <meta charset="UTF-8">
    <title>DOM树</title>
</head>
```

```
<body>
    <h1>课程表</h1>
    <p>您今天的课程有</p>
    <ul id="test">
        <li>web</li>
        <li>计量经济学</li>
        <li>预测与决策分析</li>
    </ul>
    <a href="#">click me!</a>
    <script type="text/javascript">
        //为文本节点为web的li节点增加title属性"
        var test=document.getElementById('test'),
        liNodes=test.getElementsByTagName('li');
        liNodes[0].setAttribute('title','hello javascript');
    </script>
</body>
</html>
```

2.5.7 创建新的 HTML 元素

```
<!DOCTYPE html>
<html lang="en">
<head>
    <meta charset="UTF-8">
    <title>DOM 树</title>
</head>
<body>
    <h1>课程表</h1>
    <p>您今天的课程有</p>
    <ul id="test">
        <li>web</li>
        <li>计量经济学</li>
        <li>预测与决策分析</li>
    </ul>
    <a href="#">click me!</a>
    <script type="text/javascript">
        //运用appendChild向ul最后增添一个文本节点为"客户关系管理"的文
本节点
        var liNode=document.createElement('li'),
```

```
                content=document.createTextNode('客户关系管理'),
                ulNode=document.getElementById('test');
        liNode.appendChild(content);
        ulNode.appendChild(liNode);
    </script>
</body>
</html>
```

上述运行结果如图 2-25 所示，单击【click me!】链接，得到如图 2-26 所示结果。

图 2-25　改变 HTML 属性之后的实验效果　　图 2-26　创建新的 HTML 元素的实验效果

2.5.8　插入新的 HTML 元素

```
<!DOCTYPE html>
<html lang="en">
<head>
    <meta charset="UTF-8">
    <title>insertBefore</title>
</head>
<body>
    <h1>课程表</h1>
    <p>您今天的课程有</p>
    <ul id="test">
        <li>web</li>
        <li>计量经济学</li>
        <li>预测与决策分析</li>
```

```html
    </ul>
    <a href="#">click me!</a>
    <script type="text/javascript">
        //运用 insertBefore 将新节点插入文本为计量经济学的 li 节点前
        var ulNode=document.getElementById('test'),
            liNodes=document.getElementsByTagName('li'),
            newNode=document.createElement('li'),
            content=document.createTextNode('客户关系管理');
        newNode.appendChild(content);
        ulNode.insertBefore(newNode,liNodes[1]);
    </script>
</body>
</html>
```

2.5.9　删除已有的 HTML 元素

```html
<!DOCTYPE html>
<html lang="en">
<head>
    <meta charset="UTF-8">
    <title>DOM 树</title>
</head>
<body>
    <h1>课程表</h1>
    <p>您今天的课程有</p>
    <ul id="test">
        <li>web</li>
        <li>计量经济学</li>
        <li>预测与决策分析</li>
    </ul>
    <a href="#">click me!</a>
    <script type="text/javascript">
        //删除文本节点为 web 的 li 节点
        var test=document.getElementById('test');
        var liNodes=test.getElementsByTagName('li');
        test.removeChild(liNodes[0]);
    </script>
</body>
</html>
```

上述程序运行结果如图 2-27 所示，单击【click me!】链接出现如 2-28 所示界面。

图 2-27 实验效果图　　　　　图 2-28 单击【click me!】后实验效果图

2.5.10 DOM HTML 级事件实验

DOM HTML 级的事件处理程序：在负责监听事件的标签上增添"on"+事件名属性，并在"="加上需要回调的函数。程序运行如图 2-29 所示。代码如下：

```
<!DOCTYPE html>
<html lang="en">
<head>
    <meta charset="UTF-8">
    <title>改变 DOM 节点的样式</title>
    <style type="text/css">
        #test{
            width:100px;
            height:100px;
            background-color:#FFD0D0;
            margin-bottom:20px;
        }
    </style>
</head>
<body>
    <div id="test"></div>
    <input type="button" value="点击之后可更改颜色" onClick="change()">
    <script type="text/javascript">
```

```
            var flag=true;
            function change(){
                var test=document.getElementById('test');
                test.style.backgroundColor='#FA3939';
            }
        </script>
    </body>
</html>
```

图 2-29 左边的是单击【点击之后可更改颜色】按钮之前的效果。单击之后，得到图 2-29 右边的效果。图的颜色发生了改变。

图 2-29　单击按钮前后对比图

2.5.11　DOM 事件处理实验

获取负责监听事件的节点，节点.on + 事件名=回调的函数实验。代码如下，效果如图 2-29 所示。

```
<!DOCTYPE html>
<html lang="en">
<head>
    <meta charset="UTF-8">
    <title>DOM0 级的事件处理函数</title>
    <style type="text/css">
        #test{
        width:100px;
```

```
            height:100px;
            margin-bottom:20px;
            background-color:#F6B7B7;
        }
    </style>
</head>
<body>
    <div id="test"></div>
    <input type="button" value="click me" class="J-btn" onclick="">
    <script type="text/javascript">
        var btn=document.querySelector('.J-btn');
        btn.onclick=function(){
            var test=document.getElementById('test');
            test.style.backgroundColor='#FA3939';
        }
    </script>
</body>
</html>
```

DOM 事件处理：也可以使用事件添加方法 addEventListener 为元素添加事件。实验代码如下，效果如图 2-29 所示。

```
<!DOCTYPE html>
<html lang="en">
<head>
    <meta charset="UTF-8">
    <title>DOM0 级的事件处理函数</title>
    <style type="text/css">
        #test{
            width:100px;
            height:100px;
            background-color:#FFD0D0;
            margin-bottom:20px;
        }
    </style>
</head>
<body>
    <div id="test"></div>
    <input type="button" value="点击之后可更改颜色" class="J-btn">
    <script type="text/javascript">
```

```
        function change(){
            var test=document.getElementById('test');
            test.style.backgroundColor='#FA3939';
        }
        var btn=document.querySelector('.J-btn');
        btn.addEventListener('click',change,false);
    </script>
</body>
</html>
```

2.5.12 控制方块实验

```
<!DOCTYPE html>
<html lang="en">
<head>
    <meta charset="UTF-8">
    <title>DOM0 级的事件处理函数</title>
    <style type="text/css">
        #test{
            width:100px;
            height:100px;
            margin-bottom:20px;
            background-color:#F6B7B7;
        }
    </style>
</head>
<body>
    <div id="test"></div>
    <input type="button" value="click me" class="J-btn" onclick="">
    <script type="text/javascript">
        var btn=document.querySelector('.J-btn');
        btn.onclick=function(){
            var test=document.getElementById('test');
            test.style.display=='none' ?  test.style.display='block':test.style.display='none';
        }
    </script>
</body>
</html>
```

上述程序运行结果如图 2-30 所示。

图 2-30　点击按钮前后对比图

2.6　jQuery

2.6.1　jQuery 概述

jQuery 是一个 JavaScript 函数库。

jQuery 包含以下特性：

（1）HTML 元素选取。

（2）HTML 元素操作。

（3）CSS 操作。

（4）HTML 事件函数。

（5）JavaScript 特效和动画。

（6）HTML DOM 遍历和修改。

（7）Ajax。

（8）Utilities。

将 http://jquery.com/download/#Download_jQuery 下载到本地，通过外部引入的方式将 jQuery 引入。

jQuery 语法是为 HTML 元素的选取编制的，可以对元素执行某些操作。

基础语法是：**$（selector）.action（）**

（1）美元符号定义 jQuery。

（2）选择符（selector）"查询"和"查找"HTML 元素。

（3）jQuery 的 action（）执行对元素的操作。

例子：

$（this）.hide（）：隐藏当前元素。

$（"p"）.hide（）：隐藏所有段落。

$（".test"）.hide（）：隐藏 class="test"的所有元素。

$（"#test"）.hide（）：隐藏所有 id="test"的元素。

2.6.2　jQuery 实验

运用 jQuery 改写 2.5.12 节的例子。

```
<!DOCTYPE html>
<html lang="en">
<head>
    <meta charset="UTF-8">
    <title>jquery1</title>
    <script type="text/javascript" src="https://code.jquery.com/jquery-3.2.1.min.js"></script>
    <style type="text/css">
        #test{
            width:100px;
            height:100px;
            margin-bottom:20px;
            background-color:#F6B7B7;
        }
    </style>
</head>
<body>
    <div id="test"></div>
    <input type="button" value="click me" class="J-btn">
    <script type="text/javascript">
        $('.J-btn').click(function(){
            $('#test').css('display')=='none'? $('#test').show():$('#test').hide();
        });
    </script>
</body>
</html>
```

第 3 章　ASP.NET 基本控件

3.1　开发工具

3.1.1　Microsoft Visual Studio

Microsoft Visual Studio（VS）是一套完整的开发工具集，用于生成 Web 应用程序、Web 服务、桌面应用程序和移动应用程序。在 VS 工具套件中，编程语言 Visual Basic、Visual C++、Visual C#和 Visual J#全都使用相同的集成开发环境（IDE）。利用此 IDE 可以共享工具且有助于创建混合语言解决方案。另外，这些语言利用了 Microsoft .NET Framework 的功能，通过使用此框架可简化 Web 应用程序和 Web 服务的开发过程。

3.1.2　用 VS 开发 Web 工程实验

现通过 VS 开发一个最简单的 ASP.NET 网站。打开 VS 界面，选择【文件】→【新建】→【网站】选项，得到如图 3-1 所示的界面。

图 3-1　新建网站对话框

选择【ASP.NET 空网站】，选择网站存放位置，单击【确定】按钮，得到如图 3-2 所示的界面。

图 3-2　WebSite 工程界面

选择右边的工程【WebSite】选项，单击右键，可以添加新的文件和文件夹，如图 3-3 所示。

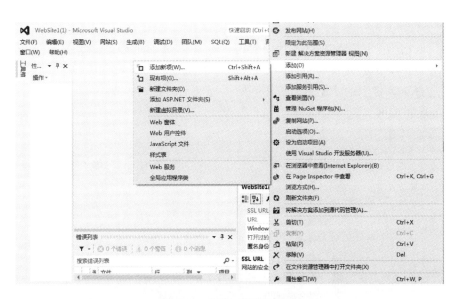

图 3-3　【添加新项】选项

选择【添加新项】选项，得到如图 3-4 所示的对话框。

图 3-4 【添加新项】对话框

选择【Web 窗体】选项，输入名称。这里默认为 Default.aspx。单击【添加】按钮，添加完成。在 WebSite 工程的下面出现了 Default.aspx。将该文件的＜form＞＜/form＞中间加入如下的代码：

```
<div>
  Hello,World!
</div>
```

需要指出的是，ASP.NET 使用代码分离技术，Default.aspx 和 Default.aspx.cs 各有分工。Default.aspx 负责界面显示，具体功能实现由 Default.aspx.cs 实现。

选择菜单栏上的【调试】→【开始执行（不调试）】（图 3-5）选项，得到如图 3-6 所示的网页，一个简单的 Web 工程开发完成。

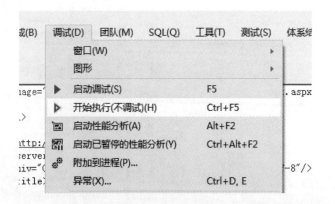

图 3-5 运行调试

图 3-6　WebSite 运行结果界面

3.2　Label 控件和 TextBox 控件

3.2.1　Label 控件和 TextBox 控件

Label 控件和 TextBox 控件主要实现文本信息的显示和输入功能,方便服务器对文本信息的处理和显示。

Label 控件是 System.Web.UI.WebControls.WebControl 类的子类,通常用于显示各种提示信息。它主要用于文本的显示,在 HTML 中不存在这样的类似控件,这使得在程序设计过程中为了在页面的某个特定位置显示不同的文本信息(如一些提示信息等)十分麻烦。尤其在程序的功能比较复杂时,要达到这一效果只能使用很多 if 语句,并且如果程序功能发生变化,修改起来十分麻烦。有了 Label 控件之后,这个功能就很容易实现,语法格式如下所示,该控件的主要属性如表 3-1 所示。

```
<asp: Label Id="被程序代码所控制的名称" runat="sever" Text="控件的文字"/>或
<asp: Label Id="被程序代码所控制的名称" runat="sever">标签名称
</ASP: Label>
不能遗漏 runat="server" 字样。所有的 Web 控件都要包含在＜form runat=
"server"＞</form>中间。
```

表 3-1　标签控件的属性

名称	解释
Text	获取或设置 Label 控件显示的文字内容
TextColor	获取或设置 Label 控件显示的文字颜色
Font	获取或设置 Label 控件显示的文字大小、字体
Runat	规定该控件是一个服务器控件,必须设置为"server"
AssociatedControlID	与标签关联的控件的 ID
ToolTip	将鼠标放在控件上时显示的工具提示
Visible	指示该控件是否可见并呈现出来

TextBox 控件也是 System.Web.UI.WebControls.WebControl 类的子类，用于创建用户可输入文本的文本框。TextBox 控件能完全控制可编辑的文本域。这意味着程序在需要请求用户进行某种文本输入的任何时候都可以使用该控件。

TextBox Web 控件和＜input type="text"＞、＜input type="password"＞以及＜textarea＞＜/textarea＞这三个 HTML 元素功能相似，都是用来接收键盘键入的数据。不过 TextBox 控件可以用来取代上述 HTML 元素。

TextBox 控件的语法声明如下所示，控件中的属性及事件如表 3-2 所示。

```
<asp:TextBox runat="Server" Id="被程序代码所控制的名称"
AutoPostBack="{True,False}"
Columns="n"
MaxLength="n"
Rows="n"
Text="控件的文字"
TextMode="{Singleline,Multiline,Password}"
Wrap="{True,False}"
OnTextChanged="事件名称"/>
```

表 3-2　TextBox 控件中的属性及事件

类型	名称	解释
属性	AutoPostBack	按 Enter 键或 Tab 键跳开文字输入框时是否从自动上传触发 OnTextChanged 事件，默认是 False
	Columns	获取或设置 TextBox 可以输入多少字符
	MaxLength	获取或设置 TextBox 可以接受的最大字符数目（只有当 TextMode=SingleLine 或 Password 时才有效）
	Rows	获取或设置 TextBox 的高度为多少行（只有当 TextMode=Multiline 时才有效）
	ReadOnly	获取或设置 TextBox 的内容是否允许编辑，默认为 False
	Text	获取或设置 TextBox 中所显示的内容或者去取得使用者的输入
	Wrap	获取或设置是否自动断行（超过内容长度），默认为 True
	TextMode	有三种模式：SingleLine（默认值），只可以输入一行。Password 输入的字符以*代替。MultiLine 可以多行输入
事件	OnTextChanged	当 Text 属性的内容改变时会触发此事件（需上传服务器，服务器会检查上传 Text 的属性与最近一次是否相同，不同才触发此事件）

3.2.2　Label 控件和 TextBox 控件实验

下面是一个实现具有单文本、密码框、多行文本框控件（分别是用户名、密码和自我介绍）用户注册页面的实例。

前台页面代码如下：

```
<%@ Page Language="C#" AutoEventWireup="true" CodeBehind="TextBox.aspx.cs" Inherits="studentwork.TextBox"%>
<!DOCTYPE html>
<html xmlns="http://www.w3.org/1999/xhtml">
<head runat="server">
<meta http-equiv="Content-Type" content="text/html;charset=utf-8"/>
    <title></title>
</head>
<body>
    <form id="form1" runat="server">
    <div>
    <center>用户注册<br/><hr/></center>
    用户名：<asp:TextBox runat="server" ID="user" TextMode="SingleLine"/><br/>
    密码：<asp:TextBox runat="server" ID="pwd" TextMode="Password"/><br/>
个人简介：
<asp:TextBox runat="server" ID="userdetail" TextMode="MultiLine" Rows="2" Columns="30"/>
<br/>
    <asp:button runat="server" ID="Button1" Text="提交" OnClick="Button1_Click"/><br/>
        <asp:Label runat="server" ID="Label1"/>
        </div>
        </form>
</body>
</html>
```

后台代码如下：

```
using System;
using System.Collections.Generic;
using System.Linq;
using System.Web;
using System.Web.UI;
using System.Web.UI.WebControls;

namespace studentwork
{
```

```
public partial class TextBox:System.Web.UI.Page
{
    protected void Page_Load(object sender,EventArgs e)
    { }
    protected void Button1_Click(object sender,EventArgs e)
    {
        Label1.Text="用户名"+user.Text+"<br/>"+"密码:"+pwd.Text+"<br/>"+"个人简介:"+userdetail.Text;
    }
}
```

执行上述代码，结果如图 3-7 所示。在文本框里输入用户名、密码和个人简介，单击【提交】按钮，结果如图 3-8 所示。

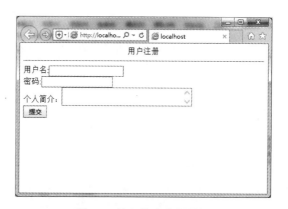

图 3-7　输入信息前的效果

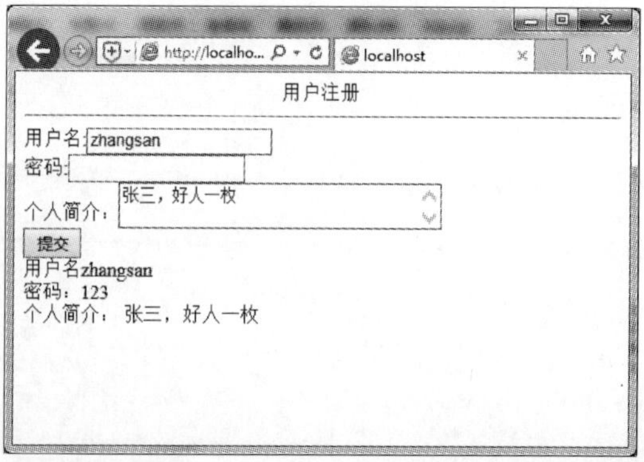

图 3-8　输入信息后单击【提交】按钮的效果

3.3 Button 控件

3.3.1 Button 控件概述

Button 控件用于显示按钮,按钮可以是提交按钮或命令按钮。默认情况下,该控件是提交按钮。

当提交按钮被单击时,它会把网页提交给服务器,用户可以编写事件句柄来控制提交按钮被单击时执行的动作。

Button 控件的语法声明格式如下所示,控件中的属性及事件如表 3-3 所示。

```
<asp:Button runat="server"
ID="被程序代码所控制的名称"
Text="控件的文字"
CausesValidation="{true,false}"
CommandArgument="命令参数"
CommandName="命令名称"
OnCommand="命令文本"
/>
```

表 3-3 Button 控件属性及事件

类型	名称	解释
属性	CausesValidation	获取或设置按下 Button 控件时是否执行启动验证
	CommandArgument	获取或设置按下 Button 控件的命令参数
	CommandName	获取或设置按下 Button 控件的命令名称
	Text	获取和设置显示在按钮上的文本
事件	OnClick	设置按钮被单击时所运行过程的名称
	OnMouseOver	设置为用户的光标进入按钮范围触发的时间
	OnMouseOut	设置为用户的光标脱离按钮范围触发的时间
	OnCommand	设置按钮被单击时所运行过程的名称

3.3.2 Button 控件实验

该实验演示了如何使用 CommandName、CommandArgument 属性来识别用户按下了哪个按钮。每个按钮调用相同的 CommandBtn_Click 事件程序。运行结果如图 3-9 所示。

前台代码如下:

```
<%@ Page Language="C#" AutoEventWireup="true" CodeFile="ButtonDemo.aspx.cs" Inherits="ButtonDemo"%>
<!DOCTYPE html>
<html xmlns="http://www.w3.org/1999/xhtml">
<head runat="server">
<meta http-equiv="Content-Type"content="text/html;charset=utf-8"/>
    <title></title>
</head>
<body>
    <form id="form1" runat="server">
    <div>
    <asp:Button ID="Button1" runat="server" Text="Sort Ascending" CommandName="Sort"CommandArgument="Ascending"OnCommand="CommandBtn_Click"/>
    <br/>
    <asp:Button ID="Button2" runat="server" Text="Sort Descending" CommandName="Sort"CommandArgument="Descending"OnCommand="CommandBtn_Click"/>
    <br/>
    < asp:Button ID="Button3" runat="server" Text="submit" CommandName=" CommandBtn_Click"/>
    <br/>
    <asp:Button ID="Button4" runat="server" Text="Unknown Command Name"CommandName="UnknownName"CommandArgument="UnknowArgment"OnCommand="CommandBtn_Click"/>
    <br/>
    <asp:Button ID="Button5" runat="server" Text="Submit Unknown Command Argument" CommandName="Submit" CommandArgument="UnknowArgment" OnCommand="CommandBtn_Click"/>
    <br/>
    <asp:Label ID="Message" runat="server" Text=""></asp:Label>
    </div>
    </form>
</body>
</html>
```

后台代码如下：

```
using System;
using System.Collections.Generic;
using System.Linq;
```

```csharp
using System.Web;
using System.Web.UI;
using System.Web.UI.WebControls;

public partial class ButtonDemo:System.Web.UI.Page
{
    protected void Page_Load(object sender,EventArgs e)
    {

    }
    protected void CommandBtn_Click(Object sender,CommandEventArgs e)
    {
        switch(e.CommandName)
        {
            case "Sort":
                Sort_List((String)e.CommandArgument);
                break;
            case "Submit":
                Message.Text="You clicked the submit button";
                if((String)e.CommandArgument=="")
                {
                    Message.Text+=".";
                }
                else
                {
                    Message.Text+=",however the command argument is not recognized";
                }
                break;
            default:
                Message.Text="Command name not recognized";
                break;
        }
    }

    protected void Sort_List(string commandArgment)
    {
        switch(commandArgment)
        {
            case "Ascending":
```

```
            Message.Text="You clicked the Sort Ascending button";
            break;
        case "Descending":
            Message.Text="You clicked the Sort Descending button";
            break;
        default:
            Message.Text="Command argment not recognized";
            break;
    }
  }
}
```

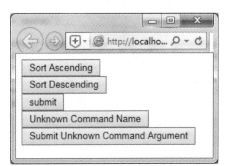
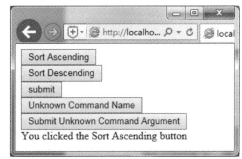

图 3-9　Button 代码运行结果图

3.4　ImageButton 控件

3.4.1　ImageButton 控件概述

　　ImageButton 控件是 Button 控件的一个变体，它几乎与 Button 控件完全相同。但它可以使用定制的图像作为窗体的按钮，而不是使用大多数窗体上的常见按钮。也就是说，可以把自己的按钮创建为图像，终端用户可以单击该图像，提交窗体数据。该控件的声明语法格式如下：

```
<asp:ImageButton
ID="控件名称"
runat="server"
CommandName="命令名称"
CommandArgument="命令参数"
OnClick="事件程序名"
ImageUrl="图片地址"
/>
```

ImageButton 控件的基本属性及常用事件如表 3-4 所示。

表 3-4 ImageButton 控件的基本属性及常用事件

类型	名称	解释
属性	ImageUrl	可指定所显示的图像文件的路径
	AlternateText	当图像不可用时，可用 AlternateText 属性值所表示的文本来代替图像显示
	ImageAlign	用于指定图像相对于 Web 页上其他元素的对齐方式
事件	Click	鼠标单击控件时，执行相应的事件过程， 可通过 e.x 和 e.y 获取单击图形按钮时鼠标在图片中的坐标值（e.x, e.y）

3.4.2 ImageButton 控件实验

下面是一个使用 ImageButton 控件获取图片坐标的实例。

前台代码如下：

```
<%@ Page Language="C#" AutoEventWireup="true" CodeBehind="ImageButton.aspx.cs" Inherits="studentwork.ImageButton"%>

<!DOCTYPE html>

<html xmlns="http://www.w3.org/1999/xhtml">
<head runat="server">
<meta http-equiv="Content-Type"content="text/html;charset=utf-8"/>
    <title></title>
</head>
<body>
    <form id="form1" runat="server">
    <div>
    <asp:ImageButton ID="ImageButton1" runat="server" Height="100px" Width="100px" ImageUrl="~/book.jpg" OnClick="Button1_Click"/>
<br/>
        <asp:Label ID="Label1" runat="server"/>
    </div>
    </form>
</body>
</html>
```

后台代码如下：

```
using System;
```

```csharp
using System.Collections.Generic;
using System.Linq;
using System.Web;
using System.Web.UI;
using System.Web.UI.WebControls;

namespace studentwork
{
  public partial class ImageButton:System.Web.UI.Page
  {
    protected void Page_Load(object sender,EventArgs e)
    {
    }
    protected void Button1_Click(object sender,ImageClickEventArgs e)
    {
      Label1.Text="你在图片的"+e.X.ToString()+","+e.Y.ToString()+"位置按下鼠标";
    }
  }
}
```

执行上述代码，在网页中单击显示图像的 ImageButton 控件，会在 Label 控件中显示单击 ImageButton 控件时鼠标的坐标位置，执行结果如图 3-10 所示。

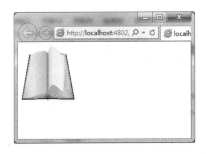

图 3-10　上述代码执行结果

3.5　ListBox 控件

3.5.1　ListBox 控件概述

ListBox 控件用于创建单选或多选的下拉列表。ListBox 控件中的可选项目是通过 ListItem 元素定义的。该控件支持数据绑定，ListBox Web 控件是一次将所有的选项都显示出来。SelectionMode 属性可以设置为单选或多选，默认为 Single。ListBox 控件的基本属性如表 3-5 所示。

表 3-5　ListBox 控件的基本属性

名称	解释
AutoPostBack	设置是否要触发 OnSelectedIndexChanged 事件
DataSource	设置数据绑定所要使用的数据源
DataTextField	设置数据绑定所要显示的字段
DataValueField	设置选项的相关数据要使用的字段
Items	传回 ListBox Web 控件中 ListItem 的参数
Rows	设置 ListBox Web 控件一次要显示的列数
SelectedIndex	传回被选取到 ListItem 的 Index 值
SelectedItem	传回被选取到 ListItem 的参数，也就是 ListItem 自身
SelectedItems	由于 ListBox Web 控件可以复选，被选取的项目会被加入 ListItem 集合中。本属性可以传回 ListBox 集合
SelectionMode	组件中条目的选择类型，即多选、单选

3.5.2　ListBox 控件实验

下面是一个使用 ListBox 控件向服务器提交用户职业信息的实例。

前台代码如下：

```
<%@ Page Language="C#" AutoEventWireup="true" CodeBehind="ListBox.aspx.cs" Inherits="studentwork.ListBox"%>

<!DOCTYPE html>

<html xmlns="http://www.w3.org/1999/xhtml">
<head runat="server">
<meta http-equiv="Content-Type" content="text/html;charset=utf-8"/>
    <title></title>
</head>
<body>
    <form id="form1" runat="server">
```

```
        <div>
            <asp:label id="Label2" runat="server" Text="请选择您感兴趣的职业" Width="160px"></asp:label>
            <asp:listbox id="ListBox1" runat="server" SelectionMode="Multiple"Height="104px" Width="96px">
                <asp:ListItem Value="程序员">程序员</asp:ListItem>
                <asp:ListItem Value="公务员">公务员</asp:ListItem>
                <asp:ListItem Value="科学家">科学家</asp:ListItem>
                <asp:ListItem Value="教师">教师</asp:ListItem>
                <asp:ListItem Value="运动员">运动员</asp:ListItem>
            </asp:listbox>
            <asp:Button ID="Button1" runat="server" Text="提交" OnClick="Button1_Click" style="height:21px"/>

            <p>选择结果是:
            < asp:label id="Label1" runat="server" Width="160px" ></asp:label>
        </div>
        </form>
    </body>
</html>
```

后台代码如下：

```
using System;
using System.Collections.Generic;
using System.Linq;
using System.Web;
using System.Web.UI;
using System.Web.UI.WebControls;

namespace studentwork
{
    public partial class ListBox:System.Web.UI.Page
    {
        protected void Page_Load(object sender,EventArgs e)
        {
            if(!this.IsPostBack)Label1.Text="未选择";
        }
        protected void Button1_Click(object sender,EventArgs e)
        {
```

```
            string tmpstr="";
            for(int i=0;i<this.ListBox1.Items.Count;i++)
            {
                if(ListBox1.Items[i].Selected)tmpstr=tmpstr+","+ListBox1. Items[i].Text;
            }
            if(tmpstr=="")Label1.Text="未选择";
            else Label1.Text=tmpstr.Substring(1,tmpstr.Length-1);
        }
    }
}
```

执行了上述代码，结果如图 3-11 所示。在 ListBox 控件中选择你的职业，单击【提交】按钮，结果如图 3-12 所示。

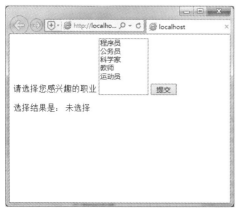

图 3-11　程序运行结果图

图 3-12　选择职业后，单击【提交】按钮结果图

3.6　DropDownList 控件

3.6.1　DropDownList 控件概述

DropDownList 控件可以把 HTML 选择框放在 Web 页面上，并对它进行编程操作。如果集合中有许多项，希望终端用户选择一项时，使用 DropDownList 控件是很理想的。

DropDownList 控件生成的选择框会显示一项，允许终端用户从较大的项目列表中选择一项。根据选择框中的选项数,终端用户可能需要在一系列选项中滚动。下列列表中的滚动条是浏览器根据版本和列表包含的项数自动创建的。基本属性及常用事件如表 3-6 所示。

表 3-6 DropDownList 控件的基本属性及常用事件

类型	名称	解释
属性	AutoPostBack	设置是否要触发 OnSelectedIndexChange 事件
	Items	取回 DropDownList 控件中 ListItem 的参数
	SelectedIndex	传回被选取列 ListItem 的 Index 值
	SelectedItem	传回被选取列 ListItem 的参数
	DataSource	获取或设置数据绑定所需要使用的数据源
	DataTextField	获取或设置数据绑定所显示的字段
	DataValueField	获取或设置选项的相关数据要使用的字段
事件	SelectedIndexChange	当控件项目选择变更时触发此事件

3.6.2 DropDownList 控件实验

下面是一个使用 DropDownList 控件在下拉列表框中选择喜欢的水果的实例。前台代码如下:

```
<%@ Page Language="C#" AutoEventWireup="true" CodeBehind="dropdownlist.aspx.cs" Inherits="studentwork.dropdownlist"%>

<!DOCTYPE html>

<html xmlns="http://www.w3.org/1999/xhtml">
<head runat="server">
<meta http-equiv="Content-Type"content="text/html;charset=utf-8"/>
    <title></title>
</head>
<body>
    <form id="form1" runat="server">
    <div>
        <div>选择你喜欢的水果:
        <asp:DropDownList id="drop1" runat="server">
            <asp:ListItem Value="苹果">苹果</asp:ListItem>
            <asp:ListItem Value="香蕉">香蕉</asp:ListItem>
```

```
        <asp:ListItem Value="橘子">橘子</asp:ListItem>
        <asp:ListItem Value="桃子">桃子</asp:ListItem>
        <asp:ListItem Value="栗子">栗子</asp:ListItem>
        <asp:ListItem Value="梅子">梅子</asp:ListItem>
    </asp:DropDownList>
    <asp:Button ID="Button1" Text="提交" OnClick="Button1_submit" runat="server" Height="21px"/>
    <p><asp:Label id="mess" runat="server" Width="288px"/></p>
    </div>
    </div>
    </form>
</body>
</html>
```

后台代码如下：

```
using System;
using System.Collections.Generic;
using System.Linq;
using System.Web;
using System.Web.UI;
using System.Web.UI.WebControls;

namespace studentwork
{
    public partial class dropdownlist:System.Web.UI.Page
    {
        protected void Page_Load(object sender,EventArgs e)
        {

        }
        protected void Button1_submit(object sender,EventArgs e)
        {
            mess.Text="你选择的水果"+drop1.SelectedItem.Text;
        }
    }
}
```

执行上述代码，结果如图 3-13 所示。在下拉列表中选择喜欢的水果，单击【提交】按钮，结果如图 3-14 所示。

图 3-13　DropDownList 实验程序运行结果图

图 3-14　单击【提交】按钮，程序运行结果图

3.7　RadioButton 控件

3.7.1　RadioButton 控件概述

单选按钮控件与复选框控件的使用相似，区别在于单选按钮框控件的选择。当只有一种结果时，可以用 RadioButton 实现＜input type=radio＞标签，基本属性和常用事件如表 3-7 所示。

表 3-7　RadioButton 基本属性和常用事件

类型	名称	解释
属性	AutoPostBack	当用户选择不同的项目时，是否自动触发 OnCheckChanged 事件
	Checked	获取或设置该项目是否被选取
	TextAglign	获取或设置 CheckBoxList 控件的对齐方式（左对齐、右对齐），默认为 Right
	GroupName	获取或设置多个 RadioButton 的群组名称，同一时刻只有一个被选中
	Text	获取或设置 RadioButton 中显示的文字
事件	OnCheckChanged	当 RadioButton 群组所选项目改变时触发此事件

3.7.2　RadioButton 控件实验

下面是一个使用 RadioButton 控件选择喜欢水果的实例。

前台代码如下：

```
<%@ Page Language="C#" AutoEventWireup="true" CodeBehind="RadioButton.aspx.cs" Inherits="studentwork.RadioButton"%>

<!DOCTYPE html>

<html xmlns="http://www.w3.org/1999/xhtml">
<head runat="server">
<meta http-equiv="Content-Type"content="text/html;charset=utf-8"/>
    <title></title>
</head>
<body>
    <form id="form1" runat="server">
    <div>
        <h4>请选择你喜欢的水果</h4>
        < asp:RadioButton  id="Radio1"  Text="苹果"  Checked="True" GroupName=" RadioGroup1" runat="server"/>
        <br>
        < asp:RadioButton  id="Radio2"  Text="香蕉"  GroupName="RadioGroup1" runat="server"/>
        <br>
        < asp:RadioButton  id="Radio3"  Text="梨子"  GroupName="RadioGroup1" runat="server"/>
        <br>
        <asp:Button id="Button1" Text="确定" OnClick="Button1_Click" runat="server"/>
        <asp:Label id="Label1" Font-Bold="True" runat="server" Width="381px"/>
    </div>
    </form>
</body>
</html>
```

后台代码如下：

```
using System;
using System.Collections.Generic;
using System.Linq;
using System.Web;
using System.Web.UI;
```

```
using System.Web.UI.WebControls;

namespace studentwork
{
    public partial class RadioButton:System.Web.UI.Page
    {
        protected void Page_Load(object sender,EventArgs e)
        {
        }
        protected void Button1_Click(object sender,EventArgs e)
        {
            if(Radio1.Checked)
            {
                Label1.Text="你选择的是:"+Radio1.Text;
            }
            else if(Radio2.Checked)
            {
                Label1.Text="你选择的是:"+Radio2.Text;
            }
            else if(Radio3.Checked)
            {
                Label1.Text="你选择的是:"+Radio3.Text;
            }
        }
    }
}
```

执行上述代码，结果如图 3-15 所示。选择喜欢的水果，单击【确定】按钮，结果如图 3-16 所示。

图 3-15　RadioButton 实验程序运行结果图

图 3-16 单击【确定】按钮后，程序运行结果图

3.8 CheckBox 控件

3.8.1 CheckBox 控件概述

Web 服务器控件的复选框控件 CheckBox 与 HTML 中的复选框控件 CheckBox 比较类似，是一种用于了解用户的布尔型数据输入的方法。选中这个控件时，表示要输入的是 True；若没有选中这个控件，表示要输入的是 False。与 HTML 中的 CheckBox 控件不同的是，ASP.NET 中的 CheckBox 控件的属性有一个 AutoPostBack 属性。当这个属性为 True 时，在用户的选择发生变化时，可以直接把数据交给服务器端，常见属性与事件如表 3-8 所示。

表 3-8 CheckBox 控件常见属性与事件

类型	名称	解释
属性	AutoPostBack	设置为单击 CheckBox 控件，页面会自动提交，同时执行 OnClick 或 OnCheckChanged，默认为 False
	Checked	获取或设置 CheckBox 控件的复选状态（复选、无复选），默认为 False
	Text	获取或设置 CheckBox 控件的文本标签
	TextAlign	获取或设置 CheckBox 控件的对齐方式（左对齐、右对齐），默认为 Right
	GroupName	传回或设置按钮所属群组
事件	OnCheckChanged	当 AutoPostBack=True 时提交服务器事件的处理方法

3.8.2 CheckBox 控件实验

通过 CheckBox 控件实现多选，选择您喜欢的水果种类。

前台代码如下：

```
<%@ Page Language="C#" AutoEventWireup="true" CodeBehind="CheckBox.aspx.cs" Inherits="studentwork.CheckBox"%>

<!DOCTYPE html>

<html xmlns="http://www.w3.org/1999/xhtml">
<head runat="server">
<meta http-equiv="Content-Type" content="text/html;charset=utf-8"/>
    <title></title>
</head>
<body>
    <form id="form1" runat="server">
 <div>
    请选择你喜欢的水果
      <asp:CheckBox ID="CheckBox1" runat="server" Text="苹果"/>
      <asp:CheckBox ID="CheckBox2" runat="server" Text="香蕉"/>
      <asp:CheckBox ID="CheckBox3" runat="server" Text="梨子"/>
      <asp:Button ID="Button1" runat="server" OnClick="Button1_Click" Text="选择"/>
     <asp:Label ID="Label1" runat="server"></asp:Label>
     </div>
   </form>
</body>
</html>
```

后台代码如下：

```
using System;
using System.Collections.Generic;
using System.Linq;
using System.Web;
using System.Web.UI;
using System.Web.UI.WebControls;

namespace studentwork
{
    public partial class CheckBox:System.Web.UI.Page
    {
        protected void Page_Load(object sender,EventArgs e)
```

```
    {
    }

    protected void Button1_Click(object sender,EventArgs e)
    {
       if(CheckBox1.Checked)
          Label1.Text=CheckBox1.Text+",";
       if(CheckBox2.Checked)
          Label1.Text=Label1.Text+CheckBox2.Text+",";
       if(CheckBox3.Checked)
          Label1.Text=Label1.Text+CheckBox3.Text;
    }
}
```

程序运行结果如图 3-17 所示。

图 3-17　CheckBox 实验程序运行结果图

3.9　FileUpload 控件

3.9.1　FileUpload 控件概述

该控件让用户更容易地浏览和选择用于上传的文件，它包含一个【浏览】按钮和用于输入文件名的文本框。只要用户在文本框中输入了完全限定的文件名，无论是直接输入或通过【浏览】按钮选择，都可以调用 FileUpload 控件的 SaveAs 方法保存到磁盘上。FileUpload 控件属性如表 3-9 所示。

表 3-9 FileUpload 控件属性

名称	类型	说明
FileContent	Stream	返回一个指向上传文件的流对象
FileName	String	返回要上传文件的名称，不包含路径信息
HasFile	Boolean	如果是 True，则表示该控件有文件要上传
PostedFile	HttpPostedFile	返回已经上传文件的引用
ContentLength	Integer	返回上传文件按字节表示的文件大小
ContentType	String	返回上传文件的 MIME 内容类型
FileName	String	返回文件在客户端的完全限定名
InputStream	Stream	返回一个指向上传文件的流对象

3.9.2 FileUpload 控件实验

通过 FileUpload 控件代码实现文件上传。

前台代码如下：

```
<%@ Page Language="C#" AutoEventWireup="true" CodeFile="Default.aspx.cs" Inherits="_Default"%>

<!DOCTYPE html>

<html xmlns="http://www.w3.org/1999/xhtml">
<head runat="server">
<meta http-equiv="Content-Type" content="text/html;charset=utf-8"/>
    <title></title>
        <script type="text/javascript">
            function checkform(){
                var strs=document.getElementById("FileUpload1").value;
                if(strs==""){
                    alert("请选择要上传的图片!");
                    return false;
                }

                var n1=strs.lastIndexOf('.')+1;
```

```
                    var fileExt=strs.substring(n1,n1+3).toLowerCase()
                    if(fileExt !="jpg" && fileExt !="bmp" && fileExt !="png"){
                        alert('目前系统仅支持jpg、bmp、png后缀图片上传!');
                        return false;
                    }
                }
        </script>
    </head>
    <body>
        <form id="form1" runat="server">
        <div>
          <asp:FileUpload ID="FileUpload1"runat="server"Width="220px"/>
          <asp:Button ID="Button1" runat="server" CssClass="button" OnClick="Button1_Click" Text="上传"/>
        </div>
        </form>
    </body>
</html>
```

后台代码如下:

```
using System;
using System.Collections.Generic;
using System.IO;
using System.Linq;
using System.Web;
using System.Web.UI;
using System.Web.UI.WebControls;

public partial class_Default:System.Web.UI.Page
{
    protected void Page_Load(object sender,EventArgs e)
    {
        Button1.Attributes["onclick"]="return checkform();";
    }

    protected void Button1_Click(object sender,EventArgs e)
    {

        if(FileUpload1.HasFile)
```

```csharp
            {
                string upPath="/up/";        //上传文件路径
                int upLength=5;              //上传文件大小
                string upFileType
                    ="|image/bmp|image/x-png|image/pjpeg|image/gif|image/png|image/jpeg|";

                string fileContentType=FileUpload1.PostedFile.ContentType;
                    //文件类型
                if(upFileType.IndexOf(fileContentType.ToLower())>0)
                {
                    string name=FileUpload1.PostedFile.FileName;
                    //客户端文件路径
                    FileInfo file=new FileInfo(name);
                    string fileName=
                        DateTime.Now.ToString("yyyyMMddhhmmssfff")+file.Extension;
                    //文件名称,当前时间(yyyyMMddhhmmssfff)
                    string webFilePath=Server.MapPath(upPath)+fileName;
                    //服务器端文件路径

                    string FilePath=upPath+fileName;//页面中使用的路径

                    if(!File.Exists(webFilePath))
                    {
                        if((FileUpload1.FileBytes.Length/(1024*1024))>upLength)
                        {
                            ClientScript.RegisterStartupScript(this.GetType(),"upfileOK","alert('大小超出"+upLength+" M的限制,请处理后再上传!');",true);
                            return;
                        }

                        try
                        {
                            FileUpload1.SaveAs(webFilePath);
                            //使用 SaveAs 方法保存文件
                    ClientScript.RegisterStartupScript(this.GetType(),"upfileOK","alert('提示:文件上传成功');",true);
                        }
```

```
            catch(Exception ex)
            {
    ClientScript.RegisterStartupScript(this.GetType(),"upfileOK",
"alert('提示:文件上传失败"+ex.Message+"');",true);
            }
        }
        else
        {
    ClientScript.RegisterStartupScript(this.GetType(),"upfileOK",
"alert('提示:文件已经存在,请重命名后上传');",true);
        }
    }
    else
    {
    ClientScript.RegisterStartupScript(this.GetType(),"upfileOK",
"alert('提示:文件类型不符"+fileContentType+"');",true);
    }
  }
}
```

3.10 验证控件

3.10.1 验证控件概述

在 ASP.NET 中提供了一种全新的控件,即 Web 服务器验证控件。通过这些控件可检查输入的数据是否合法,使用起来非常简单,但功能却很强大。ASP.NET 2.0 提供的验证控件包括:

(1) RequiredFieldValidator 控件:必须验证控件,验证用户输入的数据是否有效。

(2) CompareValidator 控件:比较验证控件,验证用户输入的数据是否与指定的关系相匹配(如大于、小于、等于、不等于)。

(3) RangeValidator 控件:范围验证控件,验证用户输入的数据是否在指定的范围内。

(4) RegularExpressionValidator 控件:正则表达式验证控件,验证用户输入的数据是否合法。

(5) CustomValidator 控件:自定义验证控件,采用自定义的验证方法来验证用户输入的数据是否合法。

(6) ValidationSummary 控件：在页面中显示所有验证控件产生的错误信息。

3.10.2 验证控件实验

通过 ASP.NET 中内置的验证控件 RequiredFieldValidator、RangeValidator、RegularExpressionValidator、CompareValidator 完成一个简单的注册功能的验证，如图 3-18 所示。

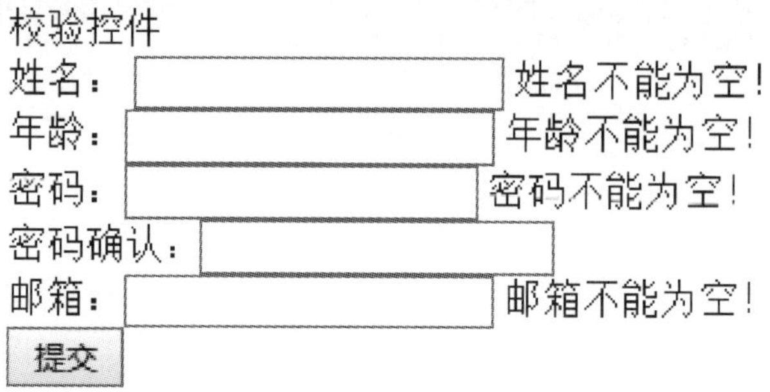

图 3-18 校验界面

页面核心代码如下：

```
<form id="form1" runat="server">
  <span>ASP.net 校验控件</span>
  <div>
  姓名:<asp:TextBox ID="txtRequiredField" runat="server">
    </asp:TextBox>
  < asp:RequiredFieldValidator ID="RequiredFieldValidator1" runat="server"
      ErrorMessage="姓名不能为空!" ControlToValidate="txtRequiredField">
  </asp:RequiredFieldValidator>
    <br/>
  年龄:<asp:TextBox ID="txtRange" runat="server">
    </asp:TextBox>
  <asp:RequiredFieldValidator ID="RequiredFieldValidator2" runat="server"
      ErrorMessage="年龄不能为空! " ControlToValidate="txtRange">
  </asp:RequiredFieldValidator>
  <asp:RangeValidator ID="RangeValidator1" runat="server"
      ErrorMessage="年龄不在规定范围内! "  ControlToValidate="
```

```
txRange" MaximumValue="100" MinimumValue="0" Type="Integer">
        </asp:RangeValidator>
        <br/>
        密码:<asp:TextBox ID="txtPassword" runat="server" TextMode="Password">
        </asp:TextBox>
        <asp:RequiredFieldValidator ID="RequiredFieldValidator3" runat="server"
        ErrorMessage="密码不能为空！" ControlToValidate="txtPassword">
        </asp:RequiredFieldValidator>
    <br/>
    密码确认:
    <asp:TextBox ID="txtPasswordConfirm" runat="server" TextMode="Password">
    </asp:TextBox>
    <asp:CompareValidator ID="CompareValidator1" runat="server"
        ErrorMessage="密码前后输入不一致！"ControlToCompare="txtPassword"
        ControlToValidate="txtPasswordConfirm">
    </asp:CompareValidator>
        <br/>
        邮箱:
    <asp:TextBox ID="txtMail" runat="server"></asp:TextBox>
    </asp:TextBox>
    <   asp:RequiredFieldValidator    ID="RequiredFieldValidator4" runat="server"
        ErrorMessage="邮箱不能为空！" ControlToValidate="txtMail">
        </asp:RequiredFieldValidator>
        <asp:RegularExpressionValidator ID="RegularExpressionValidator1"
runat="server" ErrorMessage="邮箱格式不符！" ControlToValidate="txtMail"
        ValidationExpression="\w+([-+.']\w+)*@\w+([-.]\w+)*\.\w+([-.]\w+)*">
        </asp:RegularExpressionValidator>
        <br/>
        <asp:Button ID="btnSubmit" runat="server"
        Text="提交" onclick="btnSubmit_Click"/>
        <asp:Label runat="server" ID="Message"></asp:Label>
    </div>
    </form>
```

后台 C#代码如下：

```
protected void btnSubmit_Click(object sender,EventArgs e)
{
    Message.Text="录用信息均合法";
}
```

3.11 控件综合实验

实验内容：完成如图 3-19 所示的用户注册功能。

实验目的：将上述学习的控件应用到注册功能中，熟练掌握各种控件的使用方法。

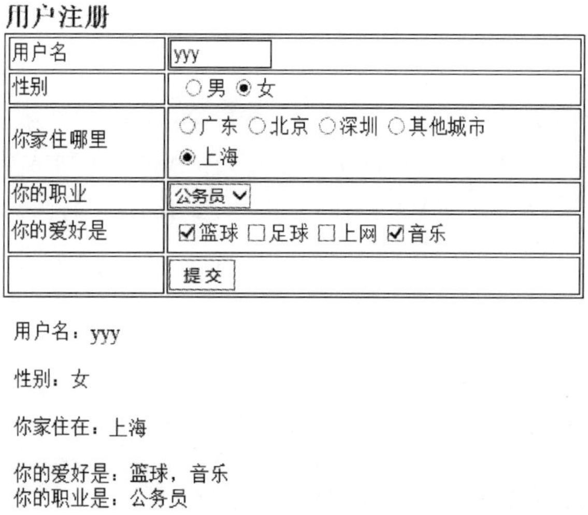

图 3-19 注册页面

页面核心代码如下：

```
<div style="text-align:left">
  <span style="font-size:16pt"><strong>用户注册
  </strong></span>
  <table border="1" style="text-align:left">
    <tr>
      <td style="width:125px">
        用户名
      </td>
      <td colspan="2" style="width:329px;text-align:left">
```

```
            <asp:TextBox ID="txtName" runat="server" Width="77px">
</asp: TextBox>
            </td>
        </tr>
        <tr>
            <td style="width:125px">
                性别
            </td>
            <td colspan="2" style="width:329px;text-align:left">
                 
            <asp:RadioButton ID="radSex1"runat="server"Checked="True"
            GroupName="seleSex" Text="男"/>
                <asp:RadioButton ID="radSex2" runat="server"
            GroupName="seleSex" Text="女"/></td>
        </tr>
        <tr>
            <td style="width:125px">
                你家住哪里</td>
            <td colspan="2" style="width:329px;text-align:left">
    <asp:RadioButtonList ID="radlHome"runat="server"RepeatColumns ="4"
>
                <asp:ListItem>广东</asp:ListItem>
                <asp:ListItem Selected="True">上海</asp:ListItem>
                <asp:ListItem>北京</asp:ListItem>
                <asp:ListItem>深圳</asp:ListItem>
                <asp:ListItem>其他城市</asp:ListItem>
</asp:RadioButtonList></td>
</tr>
<tr>
<td>你的职业</td>
<td><asp:DropDownList ID="pro" runat="server">
        <asp:ListItem>护士</asp:ListItem>
        <asp:ListItem>老师</asp:ListItem>
        <asp:ListItem>公务员</asp:ListItem>
        <asp:ListItem>其他</asp:ListItem>
        </asp:DropDownList></td>
</tr>
<tr>
    <td style="width:125px;height:26px">
        你的爱好是
```

```
            </td>
            <td colspan="2" style="width:329px;height:26px;text-align:left">
                < asp:CheckBoxList  ID="chklLike"runat="server" RepeatColumns="4">
                    <asp:ListItem>篮球</asp:ListItem>
                    <asp:ListItem>足球</asp:ListItem>
                    <asp:ListItem>上网</asp:ListItem>
                    <asp:ListItem>音乐</asp:ListItem>
                </asp:CheckBoxList>
            </td>
        </tr>
        <tr>
            <td style="width:125px;height:26px">
                 
            </td>
            <td colspan="2" style="width:329px;height:26px;text-align:left">
                <asp:Button ID="btnOK" runat="server" OnClick="btnOK_Click" Text="提交"/>
            </td>
        </tr>
    </table>
    <br/>

</div>
     
    <asp:Label ID="lblName" runat="server"></asp:Label><br/>
    <br/>
         
    <asp:Label ID="lblSex" runat="server"></asp:Label><br/>
    <br/>
     
    <asp:Label ID="lblHome" runat="server"></asp:Label><br/>
     
    <br/>
     
    <asp:Label ID="lblLike" runat="server"></asp:Label><br/>
     
    <asp:Label ID="lblpro" runat="server"></asp:Label><br/>
```

```
<br/>
<br/>
<br/>
```

后台 C#代码如下：

```
namespace WebApplication1
{
    public partial class register:System.Web.UI.Page
    {
        protected void Page_Load(object sender,EventArgs e)
        {
            this.Title="个人情况";
            txtName.Focus();

        }
        protected void btnOK_Click(object sender,EventArgs e)
        {

            lblName.Text="用户名:"+txtName.Text.ToString();
            string strSex="",strLike="";
            int i;
            if(radSex1.Checked)
            {
                lblSex.Text="性别:男";
            }
            else
            {
                lblSex.Text="性别:女";
            }
            for(i=0;i<=chklLike.Items.Count-1;i++)
            {
                if(chklLike.Items[i].Selected)
                {
                    strLike=strLike+chklLike.Items[i].Text+",";
                }
            }
            strLike=strLike.Remove(strLike.Length-1,1);
            lblHome.Text="你家住在:"+radlHome.SelectedItem.Text;
            if(strLike=="")
```

```
        {
            strLike="真可惜,你没有任何爱好！";
        }
        else
        {
            strLike="你的爱好是:"+strLike;
        }
        lblLike.Text=strLike;
        lblpro.Text="你的职业是:"+pro.SelectedItem.Text.ToString();
    }
  }
}
```

第 4 章 ASP.NET 内置服务器对象

4.1 ASP.NET 内置对象概述

提高网络程序的开发效率，是 ASP.NET 力求的原则，为此 ASP.NET 提出了一些内置对象。

ASP.NET 内置对象是程序设计中最频繁使用的元素，它们使设计者更容易管理和访问通过浏览器向 Web 服务器发送的请求信息、Web 服务器响应浏览器的信息、存储用户信息，以及实现其他特定的状态管理和页面信息传递。

ASP.NET 内置对象对应的类都封装在.NET Framework 类库中，在 ASP.NET 页面初始化的时候，能够自动加载，可以直接使用。ASP.NET 提供的常用内置对象有 Response、Request、Server、Application、Session 和 Cookie。下面分别介绍这六大 ASP.NET 内置对象。

4.2 Response 对象

4.2.1 Response 对象概述

Response 对象在 ASP. NET 中对应的类是 HttpResponse 类。Response 对象与 HTTP 协议的响应消息相对应，用于将数据从服务器发送回浏览器。Response 对象除了提供有关响应的信息，还可以用来向客户端输出流中写入数据、在页面中跳转、将 Cookies 发送并写入客户端浏览器等。Response 对象的常用方法和属性见表 4-1。

表 4-1 Response 对象的常用方法和属性

名称	说明
BufferOutput 属性	该值指示是否使用缓存
Clear 方法	清除缓存
Cookies 属性	服务器端将 Cookies 发送并写入客户端浏览器
End 方法	输出当前缓存的所有数据，并停止该页的执行
Flush 方法	强制输出缓存的所有数据
Redirect 方法	将客户端浏览器重定向（跳转）到新的 URL
Write 方法	将 HTML 代码信息写入客户端输出流（即动态将 HTML 代码呈现在客户端页面上）
WriteFile 方法	读取一个文件，并且写入客户端输出流

Response 对象能将客户端浏览器重定向到另外的 URL 上,即跳转到指定的网页上,实现该功能只需使用 Response 对象的 Redirect 方法。

使用形式为:

Response.Redirect("URL 地址");

如 Response.Redirect("http://www.baidu.com"); //绝对

Response.Redirect("Page2.aspx"); //相对

4.2.2　Response 实验

实验模拟登录,登录成功。

前台代码如下:

```
<%@ Page Language="C#" AutoEventWireup="true" CodeBehind="WebForm1.aspx.cs" Inherits="Response.WebForm1"%>
<!DOCTYPE html>
<html xmlns="http://www.w3.org/1999/xhtml">
<head runat="server">
<meta http-equiv="Content-Type" content="text/html;charset=utf-8"/>
    <title></title>
</head>
<body>
    <form id="form1" runat="server">
    <div>
       用户名:
    <asp:TextBox ID="username" runat="server"></asp:TextBox></br>
       密码:
    < asp:TextBox  ID="pwd"runat="server"TextMode="Password" > </asp:TextBox></br>
    <    asp:Button    ID="Button1"runat="server"Text=" 登 录 "OnClick="Button1_ Click"/>
    <br/>
    </div>
    </form>
</body>
</html>
```

后台代码如下:

```
using System;
using System.Collections.Generic;
```

```
using System.Linq;
using System.Web;
using System.Web.UI;
using System.Web.UI.WebControls;

namespace Response
{
    public partial class WebForm1:System.Web.UI.Page
    {
        protected void Button1_Click(object sender,EventArgs e)
        {
            if(username.Text.ToString().Equals("abc")&&pwd.Equals("123"))
            {
                Response.Redirect("main.aspx");
            }
            else
            {
                Response.Write("用户名或者密码不正确");
            }
        }
    }
}
```

4.3 Request 对象

4.3.1 Request 对象概述

Request 对象派生自 HttpRequest 类。Request 对象与 HTTP 协议的请求消息相对应。该对象主要是用来获取客户端在提交一个页面请求时提供的信息，如能够标识浏览器和用户的信息；读取存储在客户端的 Cookies 信息；读取附在 URL 后面的查询字符串；读取页面中<form>段中的 HTML 控件内的值。Request 对象的常用属性和方法见表 4-2。

表 4-2 Request 对象的常用属性和方法

名称	说明
MapPath 方法	根据文件在 URL 中的虚拟路径获取其在服务器上的物理路径
Cookies 属性	获取客户端发送的 Cookie 的集合

续表

名称	说明
Form 属性	获取客户端发送的窗体变量集合
QueryString 属性	获取 HTTP 查询字符串变量集合
IsLocal 属性	该值指示该请求是否来自本地计算机
UserHostAddress 属性	获取客户端的 IP 主机地址
UserHostName 属性	获取客户端的 DNS 名称

利用 Request 对象读取表单数据的方式取决于表单数据返回服务器的方式，其方式有两种：post 和 get，使用哪种方式是通过设置 Method 属性来实现的。

当为 get 时，表单数据将以字符串的形式附加在网址的后面返回服务器，此时应该用 Request 的 QueryString 属性来获取表达数据，例如，Request.QueryString（"username"）；以超链接的形式提交，与 get 方式一样。

当为 post 时，表单数据将存放在 HTTP 报头中，此时应使用 Request 对象的 Form 属性来获取表单数据，例如，Request.Form（"username"）。

为了统一，Request 对象提供了 Params 属性，它可以同时处理上述两种提交方式。

4.3.2　Request 对象实验

下面是一个获取超链接中参数值的实验，在 item.aspx 前台页面输入的代码如下：

```
<form id="form1" runat="server">
<div>
    <a href="itemdetail.aspx? ID=001&Name=apple">查看</a>
</div>
</form>
```

itemdetail.aspx 代码：

```
<%@ Page Language="C#" AutoEventWireup="true" CodeBehind="itemdetail.aspx.cs" Inherits="Response.itemdetail"%>

<!DOCTYPE html>

<html xmlns="http://www.w3.org/1999/xhtml">
<head runat="server">
```

```
    <meta http-equiv="Content-Type" content="text/html;charset=utf-8"/>
    <title></title>
</head>
<body>
    <form id="form1" runat="server">
    <div>
        ID:<asp:Label ID="Label1" runat="server" Text=""></asp:Label><br/>
        Name:<asp:Label ID="Label2" runat="server" Text=""></asp:Label>
    </div>
    </form>
</body>
</html>
```

itemdetail.aspx 后台页面代码如下:

```
using System;
using System.Collections.Generic;
using System.Linq;
using System.Web;
using System.Web.UI;
using System.Web.UI.WebControls;

namespace Response
{
    public partial class itemdetail:System.Web.UI.Page
    {
        protected void Page_Load(object sender,EventArgs e)
        {
            if(!String.IsNullOrEmpty(Request.Params["ID"]))
            {
                Label1.Text=Request.Params["ID"];
            }
            else
            {
                Label1.Text="没有传递ID值";
            }

            if(!String.IsNullOrEmpty(Request.Params["Name"]))
            {
```

```
            Label2.Text=Request.Params["Name"];
        }
        else
        {
            Label2.Text="没有传递 Name 值";
        }
    }
}
```

调试网站，首先打开 item.aspx 页面，得到如图 4-1 所示界面。单击【查看】链接，得到如图 4-2 所示界面。

图 4-1　item.aspx 页面运行结果图

图 4-2　itemdetail.aspx 页面运行结果图

4.4　Server 对象

4.4.1　Server 对象概述

Server 对象同样也是 Page 对象的成员之一，Server 对象的对象类别名称是 HttpServerUtility。Server 对象的属性反映了 Web 服务器的各种信息，它提供了服务器可以提供的各种服务。这个对象与 Application 对象和 Session 对象不同，它不负责为用户存储信息，也没有任何事件。利用该对象，可以实现控制页面显示时间、创建捆绑对象和转换字符串为合适的格式等功能。Server 对象提供对服务器的属性和方法的访问，其中大多数属性和方法是为应用程序的功能提供服务的。Server 对象的常用属性见表 4-3。

表 4-3 Server 对象的常用属性

名称	说明
MachineName 属性	获取服务器的计算机名称
ScriptTimeout 属性	获取和设置请求超时值（以秒计）

Server 对象的常用方法见表 4-4。

表 4-4 Server 对象的常用方法

名称	说明
CreateObject 方法	创建一个对象实例
HtmlEncode 方法	用于对包含 HTML 标签的字符串进行 HTML 编码,以便浏览器读到这样的字符串时,不会试图进行解释后再显示而是原样显示,能剥离出在用户输入字段中提交的任何恶意脚本和无效字符
HtmlDecode 方法	用于将 HTML 编码后的包含 HTML 标签的字符串译码回原本的 HTML 内容,以便浏览器可以解释后显示该字符串
MapPath 方法	返回与 Web 服务器上的指定虚拟路径相对应的物理文件路径（作用与 Request.MapPath 方法相同）
Tranfer 方法	终止当前页的执行,并为当前请求开始执行新页

Response.Redirect 和 Server.Transfer 方法均可以在代码中切换（跳转）到新的网页，主要不同点在于：

（1）Response.Redirect 方法不限于.aspx 网页，只要是存在的文件都可以。Server.Transfer 方法只能切换到同一个应用程序的.aspx 网页。

（2）Response.Redirect 方法切换到新网页之后，浏览器的地址栏将显示新的网址。Server.Transfer 方法切换到新的网页后，浏览器的地址栏仍然显示原来的地址，相对来说保密性好一些。

在要求安全保密性较高的情况下，当切换到同一个应用程序的另一个网页时，使用 Server.Transfer 方法。

4.4.2 Server 对象实验

在 ASP.NET 中，默认编码是 UTF-8，所以在使用 Session 和 Cookies 对象保存中文字符或者其他字符集时经常会出现乱码。为了避免乱码的出现，可以使用 HtmlEncode 和 HtmlDecode 方法进行编码和解码。下面是一个使用 HtmlEncode 和 HtmlDecode 方法进行编码和解码的实例。

前台代码如下:

```
<%@ Page Language="C#" AutoEventWireup="true" CodeFile="Server.aspx.cs" Inherits="Server"%>
<!DOCTYPE html PUBLIC "-//W3C//DTD XHTML 1.0 Transitional//EN" "http://www.w3.org/TR/xhtml1/DTD/xhtml1-transitional.dtd">
<html xmlns="http://www.w3.org/1999/xhtml">
<head id="Head1" runat="server">
    <title>HtmlDecode 和 HtmlEncode 方法使用实例</title>
</head>
<body>
    <form id="form1" runat="server">
    <p>
     HtmlEncode 编码:
     <asp:Label ID="Label1"runat="server"Text="Label"></asp:Label>
    </p>
    <p>
     HtmlDecode 解码:
     <asp:Label ID="Label2"runat="server"Text="Label"></asp:Label>
    </p>
    </form>
</body>
</html>
```

上述代码使用了两个文本标签控件用来保存并呈现编码后和解码后的字符串,在 CS 页面可以对字符串进行编码和解码操作。

后台代码如下:

```
using System;
using System.Collections.Generic;
using System.Linq;
using System.Web;
using System.Web.UI;
using System.Web.UI.WebControls;

public partial class Server:System.Web.UI.Page
{
    protected void Page_Load(object sender,EventArgs e)
    {
        string str="<p>编码与解码</p>";                //声明字符串
```

```
            Label1.Text=Server.HtmlEncode(str);              //字符串编码
            Label2.Text=Server.HtmlDecode(Label1.Text);      //字符串编码
        }
    }
```

上述代码将 str 字符串进行编码并存放在 Label1 标签中，Label2 标签将读取 Label1 标签中的字符串再进行解码。在使用 HtmlEncode 方法后，编码后的 HTML 标注会被转换成相应的字符。在进行解码时，相应的字符会被转换回来，并呈现在客户端浏览器中。当需要让浏览器能够接受 HTML 字符时，URL 地址栏中对页面参数的传递不能够包括空格、换行等符号，可以使用 UrlEncode 方法和 UrlDecode 方法进行变量的编码和解码。执行上述代码，结果如图 4-3 所示。

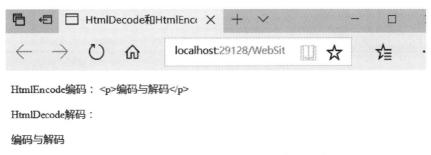

图 4-3 UrlEncode 方法和 UrlDecode 程序运行结果图

4.5 Application 对象

4.5.1 Application 对象概述

Application 对象在 ASP.NET 中对应 HttpApplicationState 类。Application 对象在给定的应用程序的多个用户之间共享信息，并在服务器运行期间持久地保存数据。由于在整个 Web 应用程序生存周期中，Application 对象都有效，所以在不同的页面中都可以对它进行存取，就像使用全局变量一样方便。Application 对象在实际网络开发中的用途就是记录整个网络的信息，如上线人数、在线名单、点击率和网上选举等。

因为多个用户可以共享相同的 Application 对象，所以必须要有 Lock 和 UnLock 方法，以确保多个用户无法同时改变某一 Application 对象的值。

Application 对象实际上是一个 Application 对象集合，Application 对象中的不同键名即为 Application 对象集合的不同对象名。表 4-5 给出了 Application 对象的常用属性和方法。

表 4-5 Application 对象的常用属性和方法

名称	说明
Count 属性	获取 Application 集合中对象的个数
Item 属性	通过名称或索引获取对单个 Application 对象的访问
Add 方法	将新的对象添加到 Application 集合中
Remove 方法	从 Application 对象集合中移除某个对象
RemoveAll 方法或 Clear 方法	从 Application 对象集合中移除所有对象
Lock 方法	锁定对 Application 对象的访问
UnLock 方法	取消锁定对 Application 对象的访问
Get 方法	通过索引或名称获取 Application 对象
GetKey 方法	通过索引获取 Application 对象名
Set 方法	更新指定名称 Application 对象的值

获取 Application 对象的值的方法有三个：
（1）变量名 = Application["键名"]；
（2）变量名 = Application.Item（"键名"）；
（3）变量名 = Application.Get（"键名"）。
更新 Application 对象的值的方法有两个：
（1）Application.Set（"键名"，值）；
（2）Application["键名"] = 值。
增加一个 Application 对象的方法有两个：
（1）Application.Add（"新键名"，值）；
（2）Application["新键名"] = 值。
删除一个 Application 对象：
Application.Remove（"键名"）。

4.5.2 Application 实验

通过实例的方式具体说明 Application 对象的属性和方法的运用。
代码如下：

```
using System;
using System.Collections.Generic;
using System.Linq;
using System.Web;
```

```
using System.Web.UI;
using System.Web.UI.WebControls;

namespace Application
{
    public partial class WebForm1:System.Web.UI.Page
    {
        protected void Page_Load(object sender,EventArgs e)
        {
            Application.Lock();
            Application["Name0"]="value0";
            Application.Add("Name1","value1");
            Application.Add("Name2",2);
            Application.Set("Name2",3);
            Application["Name2"]=4;
            Application.Add("Name3","value3");

            Application.UnLock();
            for(int i=0;i<Application.Count;i++)
            {
                Response.Write(Application.GetKey(i)+" ");
                Response.Write(Application[i]+"<br/>");
            }
            Application.Clear();

        }
    }
}
```

Application 实验程序运行结果如图 4-4 所示。

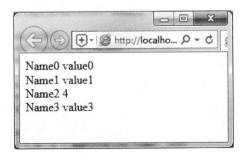

图 4-4 Application 实验程序运行结果图

4.6 Session 对象

4.6.1 Session 对象概述

Session，即会话，是指一个用户在一段时间内对某一个站点的一次访问。Session 对象是用来存取客户浏览器的数据或特定用户的信息。用户浏览 Web 站点时，使用 Session 对象可以为每个用户存储指定的数据。任何存储在用户 Session 对象之中的数据都可以在用户调用下一个页面时取得。一个 Session 对象的值对于同一个用户是相同的，对于不同用户是不同的。

Session 对象的功能和 Application 对象一样，都是用于记录存储网页程序的变量或对象。但与 Application 对象不同的是，Session 对象为某一个用户私有并且有生存期。

Session 对象用于存储从一个用户开始访问某站点某个.aspx 页面起，到用户离开该站点为止，特定的用户会话所需要的信息。用户在 Web 应用程序的页面切换时，Session 对象的变量不会被清除；而用户在应用程序中访问页面时，这些变量始终存在。Session 对象实际上就是服务器与客户的"会话"。默认的情况下，如果用户在 20 分钟内没有再访问同一网络，则与该站点建立的 Session 对象将自动释放。Session 对象的常用属性见表 4-6。

表 4-6 Session 对象的常用属性

名称	说明
Count	获取会话状态集合中的项数
Keys	获取存储在会话状态集合中所有键值的集合
Timeout	获取并设置会话状态的超时期限，以分钟为单位，默认为 20 分钟
Item	让用户通过名称（name）或索引（index）找回 Session State 的项目

Session 对象的方法主要是实现对 Session 的各种操作，其常用方法见表 4-7。

表 4-7 Session 对象的常用方法

名称	说明
Abandon	结束 Session 对象，调用此方法时会触发 On End 事件
Add	新增一个 Session 对象变量
Clear	清除所有的 Session 对象变量
Remove	删除会话状态集合中的项
Remove All	清除所有的 Session 对象变量

4.6.2 Session 对象实验

Session 对象可以使用于安全性相比之下较高的场合，如后台登录。在后台登录的制作过程中，管理员拥有一定的操作时间。如果管理员在这段时间不进行任何操作，为了保证安全性，后台将自动注销。如果管理员再次进行操作，则需要再次登录。在管理员登录时，如果登录成功，则需要给管理员一个 Session 对象。

前台代码如下：

```
<%@ Page Language="C#" AutoEventWireup="true" CodeFile="Session.aspx.cs" Inherits="Session"%>
<!DOCTYPE html PUBLIC "-//W3C//DTD XHTML 1.0 Transitional//EN" "http://www.w3.org/TR/xhtml1/DTD/xhtml1-transitional.dtd">
<html xmlns="http://www.w3.org/1999/xhtml">
<head runat="server">
    <title>Session 使用实例</title>
</head>
<body>
    <form id="form1" runat="server">
    <div>
        <asp:Button ID="Button1" runat="server" Text="登录" OnClick="Button1_Click"/>
        < asp:Button ID="Button2" runat="server" Text="注销" OnClick=" Button2_Click" Visible=false/>
        <asp:Label ID="Label1"runat="server"Text=""></asp:Label>
    </div>
    </form>
</body>
</html>
```

后台代码如下：

```
using System;
using System.Collections.Generic;
using System.Linq;
using System.Web;
using System.Web.UI;
using System.Web.UI.WebControls;
```

```csharp
public partial class Session:System.Web.UI.Page
{
    protected void Page_Load(object sender,EventArgs e)
    {
        if(Session["admin"] !=null)//如果Session["admin"]不为空
        {
            if(String.IsNullOrEmpty(Session["admin"].ToString()))//则判断是否为空字符串
            {
                Button1.Visible=true;//显示登录控件
                Button2.Visible=false;//隐藏登录控件
                //Response.Redirect("admin_login.aspx");//跳转到登录界面
            }
            else
            {
                Button1.Visible=false;//隐藏登录控件
                Label1.Text="admin用户已登录";
                Button2.Visible=true;//显示注销控件
            }
        }
    }
    protected void Button1_Click(object sender,EventArgs e)
    {
        Session["admin"]="admin";
        Response.Redirect("Session.aspx");
    }
    protected void Button2_Click(object sender,EventArgs e)
    {
        Session.Clear();
        Response.Redirect("Session.aspx");
    }
}
```

在上述代码中，Page_Load 方法可以判断是否存在 Session 对象。如果存在 Session 对象，说明管理员当前的权限是正常的；如果不存在 Session 对象，则说明当前管理员的权限可能是错误的，或者是非法用户正在访问该页面。执行上述代码，单击【登录】按钮，结果如图 4-5 所示。

当管理员单击【注销】按钮时，会注销 Session 对象并提示再次登录，结果如图 4-6 所示。

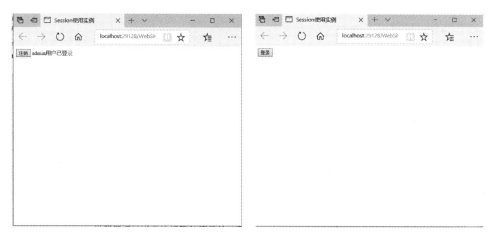

图 4-5　用户登录　　　　　　　　图 4-6　执行结果

4.7　Cookie 对象

4.7.1　Cookie 对象概述

Cookie 对象是在浏览者访问某些网站时,在客户端磁盘中记录浏览者的个人信息、浏览器的类型、何时访问网站、从事哪些活动等。浏览者再次访问同一网站时,只需要查询 Cookie 对象中的记录就能辨别。

Cookie 对象分为两种类型:

(1) 会话 Cookie:没有过期日期,是临时性的,一旦会话状态结束它将不复存在。

(2) 持久性 Cookie:具有确定的过期日期,在过期之前,Cookie 在用户的计算机上以文本文件的形式存储。

在服务器上创建并向客户端输出 Cookie 可以利用 Response 对象实现。

Response 对象支持一个名为 Cookie 的集合,可以将 Cookie 对象添加到该集合中,从而向客户端输出 Cookie。Cookie 对象的常用属性及说明见表 4-8。

表 4-8　Cookie 对象的常用属性及说明

名称	说明
Expires	获取或设置此 Cookie 的过期日期和时间
Name	获取或设置 Cookie 的名称
Value	获取或设置单个 Cookie 值
Path	获取或设置 Cookie 适用的 URL

Cookie 对象的常用方法及说明见表 4-9。

表 4-9 Cookie 对象的常用方法及说明

名称	说明
Equals	确定指定 Cookie 是否等于当前的 Cookie
ToString	返回此 Cookie 对象的一个字符串表示形式

浏览器负责管理用户系统上的 Cookie。Cookie 通过 Response 对象发送到浏览器，该对象公开称为 Cookies 集合，要发送给浏览器的所有 Cookie 都必须添加到此集合中。创建 Cookie 时，需要指定 Name 和 Value，还可以设置其到期日期和时间。用户访问编写 Cookie 站点时，浏览器将删除过期 Cookie。对于永不过期的 Cookie，可将到期日期设置为从现在起 50 年后。

如果没有设置 Cookie 的有效期，仍会创建 Cookie，但不会将其存储在用户的硬盘上，而会将 Cookie 作为用户会话信息的一部分进行维护。当用户关闭浏览器时，Cookie 便会被丢弃。这种非永久性 Cookie 很适合用来保存只需短时间存储的信息，或者保存由于安全原因不应该写入客户端计算机磁盘的信息。

4.7.2 Cookie 对象创建实验

创建 Cookie 的方法：

（1）通过给 Response 对象的 Cookies 集合的新建名赋值而创建。示例代码如下：

```
Response.Cookies["username"].Value="MyName";
Response.Cookies["username"].Expires=DateTime.Now.AddDays(1);
```

（2）通过先创建 HttpCookie 类实例，再赋值，再通过给 Response 对象的 Cookies 集合的 Add 方法创建。示例代码如下：

```
HttpCookie myCookie=new HttpCookie("username");
myCookie.Value="MyName";
myCookie.Expires=DateTime.Now.AddDays(1);
Response.Cookies.Add(myCookie);
```

4.7.3 修改 Cookie 实验

不能直接修改 Cookie。更改 Cookie 的过程涉及创建一个具有新值的与要修改的 Cookie 同名的新 Cookie，然后将其发送到浏览器来覆盖客户端上的旧版本 Cookie。

下面的代码示例演示如何更改存储用户对站点的访问次数的 Cookie 值：

```
int counter;
if(Request.Cookies["counter"]==null)
    counter=0;
else{
 counter=int.Parse(Request.Cookies["counter"].Value);
}
counter++;
Response.Cookies["counter"].Value=counter.ToString();
Response.Cookies["counter"].Expires=DateTime.Now.AddDays(1);
```

int.Parse(string)与 Convert.ToInt32(object)功能均为将参数转化为数字，前者参数必须是 string 类型，后者参数必须是 object 类型，使用范围更广一些。

4.7.4 删除 Cookie 实验

删除 Cookie（即从用户的硬盘中物理移除 Cookie）是修改 Cookie 的一种形式。由于 Cookie 在用户的计算机中，因此无法将其直接移除。但是，可以通过让浏览器自动删除过期的 Cookie 的途径删除 Cookie。该技术是创建一个与要删除的 Cookie 同名的新 Cookie，并将该 Cookie 的到期日期设置为早于当前日期的某个日期。当浏览器检查 Cookie 的到期日期时，浏览器便会删除这个已过期的 Cookie。

下面的代码示例演示删除应用程序中所有可用 Cookie 的一种方法：

```
HttpCookie aCookie;
string cookieName;
int limit=Request.Cookies.Count;
for(int i=0;i<limit;i++)
{
    cookieName=Request.Cookies[i].Name;
    aCookie=new HttpCookie(cookieName);
    aCookie.Expires=DateTime.Now.AddDays(-1);
    Response.Cookies.Add(aCookie);
}
```

第 5 章　ASP.NET 数据库访问

5.1　ADO.NET 数据库访问

ADO.NET 提供对 Microsoft SQL Server 数据源以及通过 OLE DB 和 XML 公开的数据源的一致的访问。应用程序开发者可以使用 ADO.NET 来连接这些数据源，并检索、处理和更新所包含的数据。

ADO.NET 通过数据处理将数据访问分解为多个可以单独使用或一前一后使用的不连续组件。ADO.NET 包含用于连接到数据库、执行命令和检索结果的.NET Framework 数据提供程序，用户可以直接处理检索到的结果，或将检索到的结果放入 ADO.NET DataSet 对象中，以便与来自多个源的数据或在层之间进行远程处理的数据组合在一起，以特殊方式向用户公开。ADO.NET DataSet 对象可以独立于.NET Framework 数据提供程序使用，用来管理应用程序本地的数据或来自 XML 的数据。.NET Framework 数据提供程序与 DataSet 之间的关系如图 5-1 所示。

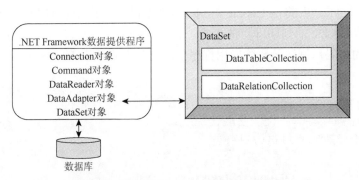

图 5-1　.NET Framework 数据库框架图

ADO.NET 主要包括 Connection 对象、Command 对象、DataReader 对象、DataSet 对象和 DataAdapter 对象，具体介绍如下：

Connection 对象主要提供与数据库的连接功能。

Command 对象用于返回数据、修改数据、运行存储过程以及发送或检索参数信息的数据库命令。

DataReader 对象通过 Command 对象提供从数据库检索信息的功能。DataReader 对象以一种只读的、向前的、快速的方式访问数据库。

DataSet 对象是 ADO.NET 的中心概念，它是支持 ADO.NET 断开式、分布式数据方案的核心对象。它是一个数据库容器，可以当作存在于内存的数据库。DataSet 是数据的内存驻留表示形式，无论数据源是什么，它都会提供一致的关系编程模型。它可以用于多种不同的数据源，如用于访问 XML 数据或用于管理本地应用程序的数据。

DataAdapter 对象提供连接 DataSet 对象和数据源的桥梁，它使用 Command 对象在数据源中执行 SQL 命令，以便将数据加载到 DataSet 中，并确保 DataSet 中数据的更改与数据源保持一致。

5.2　Connection 对象

5.2.1　Connection 对象概述

当连接到数据源时，首先选择一个.NET 数据提供程序。数据提供程序包含一些类，这些类能够连接到数据源，高效地读取数据、修改数据、操纵数据以及更新数据源。微软公司提供了如下 4 种数据提供程序的连接对象。

（1）SQL Server.NET 数据提供程序的 SqlConnection 连接对象。

（2）OLE DB.NET 数据提供程序的 OleDbConnection 连接对象。

（3）ODBC.NET 数据提供程序的 OdbcConnection 连接对象。

（4）Oracle.NET 数据提供程序的 Oracle.Connection 连接对象。

数据库连接字符串常用的参数及说明见表 5-1。

表 5-1　数据库连接字符串常用的参数及说明

参数	说明
Provider	用于设置或返回连接提供程序的名称，仅用于 OleDbConnection 对象
Connection Timeout	在终止尝试并产生异常前，等待连接到服务器的连接时间长度（以秒为单位），默认值是 15 秒
Initial Catalog 或 Database	数据库的名称
Data Source 或 Server	连接打开时使用的 SQL Server 名称，或者是 Microsoft Access 数据库的文件名
Password 或 pwd	SQL Server 账户的登录密码
User ID 或 uid	SQL Server 登录账户
Integrated Security	此参数决定连接是否是安全连接，可能的值有 True、False 和 SSPI（SSPI 是 true 的同义词）

以 SqlConnection 对象连接 SQL Server 数据库为例：对数据库进行任何操作之前，先要建立数据库的连接。ADO.NET 专门提供了 SQL Server.NET 数据提供程序用于访问 SQL Server 数据库。SQL Server.NET 数据提供程序提供了专用于访

问 SQL Server 7.0 及更高版本数据库的数据访问类集合，如 SqlConnection、SqlCommand、SqlDataReader 及 SqlDataAdapter 等数据访问类。

SqlConnection 类是用于建立与 SQL Server 服务器连接的类，其语法格式如下：
SqlConnection con=new SqlConnection("Server=服务器名；User Id=用户；Pwd=密码；DataBase=数据库名称")；

在编写连接数据库的代码前，必须先引用命名空间 using System.Data.SqlClient。

例如，下面的代码通过 ADO.NET 连接本地 SQL Server 中的 pubs 数据库：

```
//创建连接数据库的字符串
String SqlStr="Server=(local);User Id=sa;Pwd=;DataBase=pubs";
//创建 SqlConnection 对象
//设置 SqlConnection 对象连接数据库的字符串
SqlConnection con=new SqlConnection(SqlStr);
//打开数据库的连接
Con.Open();
…
//数据库相关操作
…
//关闭数据库的连接
Con.Close()
```

这里需要明确一点，打开数据库连接后，在不需要操作数据库时要关闭此连接，因为数据库联机资源是有限的。如果未及时关闭连接就会耗费内存资源。这就类似于需要照明时打开电灯，不需要时就要及时关闭电灯一样，以免造成资源浪费。

5.2.2 Connection 对象实验

先创建一个数据库 WebSite，新建表 studentinfo，字段如图 5-2 所示。

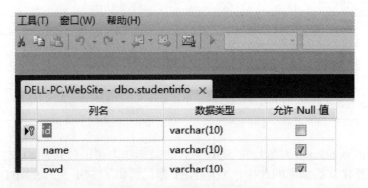

图 5-2 表 studentinfo 字段

实验目的：建立与数据库的连接。

前台代码如下：

```
    <%@ Page Language="C#"AutoEventWireup="true"CodeBehind="conn.aspx.cs"Inherits="database.conn"%>

<!DOCTYPE html>

<html xmlns="http://www.w3.org/1999/xhtml">
<head runat="server">
< meta http-equiv="Content-Type"content="text/html; charset=utf-8"/>
    <title></title>
</head>
<body>
    <form id="form1"runat="server">
    <div>
    <asp:Button ID="Button1"runat="server"Text="打开数据库连接"OnClick="Button1_Click"/><br />
        <asp:Button ID="Button2"runat="server"Text="关闭数据库连接"OnClick="Button2_Click"/><br />
        <asp:Label ID="Label1"runat="server"></asp:Label>
    </div>
    </form>
</body>
</html>
```

后台代码如下：

```
using System;
using System.Collections.Generic;
using System.Data.SqlClient;
using System.Linq;
using System.Web;
using System.Web.UI;
using System.Web.UI.WebControls;

namespace database
{
    public partial class conn : System.Web.UI.Page
    {
```

```
        SqlConnection con=new SqlConnection();
        protected void Page_Load(object sender, EventArgs e)
        {

        }

        protected void Button1_Click(object sender, EventArgs e)
        {
con.ConnectionString="server=127.0.0.1;database=WebSite;uid=sa;pwd=1
11";
            con.Open();
            Label1.Text="数据库打开成功";
        }

        protected void Button2_Click(object sender, EventArgs e)
        {
            con.Close();
            Label1.Text="数据库关闭成功";
        }
    }
}
```

程序执行结果如图 5-3 所示，单击【关闭数据库连接】按钮，得到如图 5-4 所示的界面。

图 5-3　数据库连接程序执行结果图

图 5-4　单击【关闭数据库连接】按钮的运行结果图

5.3　Command 对象

5.3.1　Command 对象概述

Command 对象是实现应用程序和数据源之间的交流，确切地说是用来执行数据库操作命令的，比如对数据库中数据表记录的查询、增加、修改或删除等操作。同时，Command 也可以调用数据库中的存储过程。Command 对象的常用属性见表 5-2。

表 5-2 Command 对象的常用属性

属性	说明
Connection	获取或设置 Command 对象所使用的数据库连接信息的 Connection 对象
CommandText	要运行的 SQL 命令、表名、存储过程名
CommandType	命令类型（经常被设置为 Text 或 StoredProcedure，默认为 Text）
Parameters	Parameters 对象集合

Command 对象的常用方法见表 5-3。

表 5-3 Command 对象的常用方法

属性	说明
ExecuteReader（）	用来执行 select 命令，并把执行结果返回到 DataReader 对象的数据集中
ExecuteNonQuery（）	用于执行 insert、delete、update 命令，返回值为该命令所影响的行数
ExecuteScalar（）	返回结果集中第一行第一列的值（一般是一个聚合值，如 count（）、sum（））
Cancel（）	取消 Command 对象的执行

5.3.2 Command 对象实验 1

实验目的：学会使用 Command 对象的 ExecuteScalar（）方法。在 studentinfo 表中统计男生、女生人数各多少。

前台代码如下：

```
<%@ Page Language="C#"AutoEventWireup="true"CodeBehind="gender.aspx.cs"Inherits="database.gender"%>
<!DOCTYPE html>
<html xmlns="http://www.w3.org/1999/xhtml">
<head runat="server">
<meta http-equiv="Content-Type"content="text/html; charset=utf-8"/>
    <title></title>
</head>
```

```
<body>
    <form id="form1"runat="server">
    <div>
        <asp:DropDownList ID="DropDownList1"runat="server">
            <asp:ListItem Value="男和女">男和女</asp:ListItem>
            <asp:ListItem Value="男">男</asp:ListItem>
            <asp:ListItem Value="女">女</asp:ListItem>
        </asp:DropDownList>
     <asp:Button runat="server"Text="统计人数" OnClick="Button1_Click" ID="Button1"/>
        <asp:Label ID="Label1"runat="server"></asp:Label>
    </div>
    </form>
</body>
</html>
```

后台代码如下：

```
using System;
using System.Collections.Generic;
using System.Data.SqlClient;
using System.Linq;
using System.Web;
using System.Web.UI;
using System.Web.UI.WebControls;

namespace database
{
    public partial class gender : System.Web.UI.Page
    {
        protected void Page_Load(object sender, EventArgs e)
        {

        }

        protected void Button1_Click(object sender, EventArgs e)
        {

            SqlConnection con=new SqlConnection();
            con.ConnectionString="server=127.0.0.1;database=WebSite;
```

```
uid=sa;pwd=111";
            con.Open();
            string sql="select count(*)from studentinfo where gender='"+DropDownList1.SelectedValue.ToString()+"'";
            if(DropDownList1.SelectedValue.Equals("男和女"))
                sql="select count(*)from studentinfo";
            SqlCommand comm=new SqlCommand(sql, con);
            string number=comm.ExecuteScalar().ToString();
            con.Close();
            Label1.Text=DropDownList1.SelectedValue.ToString()+"生"+number;
        }
    }
}
```

程序运行后，选择性别，单击【统计人数】按钮，可以得到 studentinfo 表中男生、女生或者男女的总数，如图 5-5 所示。

图 5-5　Command 的 ExecuteScalar（）函数程序运行效果图

5.3.3　Command 对象实验 2

实验目的：学会使用 Command 对象的 ExecuteNonQuery（）方法，来实现增、删、改等功能。现在通过该方法，来增加一个学生信息。运行效果如图 5-6 所示。

前台代码如下：

```
< %@ Page Language="C#"AutoEventWireup="true" CodeBehind="addstudentinfo.aspx.cs" Inherits="database.addstudentinfo"%>
<!DOCTYPE html>
```

```
<html xmlns="http://www.w3.org/1999/xhtml">
<head runat="server">
< meta http-equiv="Content-Type"content="text/html;charset=utf-8"/>
    <title></title>
</head>
<body>
    <form id="form1"runat="server">
    <div>
       <asp:TextBox ID="stuid"runat="server"></asp:TextBox>
      <asp:TextBox ID="stuname"runat="server"></asp:TextBox>
        < asp:TextBox ID="stupwd"TextMode="Password"runat="server" ></asp:TextBox>
          <asp:DropDownList ID="gender"runat="server">
            <asp:ListItem Value="男">男</asp:ListItem>
            <asp:ListItem Value="女">女</asp:ListItem>
          </asp:DropDownList>
          <asp:Button ID="Button1"runat="server"Text="Button" OnClick="Button1_Click"/>
           <asp:Label ID="Label1"runat="server"></asp:Label>

    </div>
    </form>
</body>
</html>
```

后台代码如下：

```
using System;
using System.Collections.Generic;
using System.Data.SqlClient;
using System.Linq;
using System.Web;
using System.Web.UI;
using System.Web.UI.WebControls;

namespace database
{
    public partial class addstudentinfo : System.Web.UI.Page
    {
```

```
        protected void Page_Load(object sender, EventArgs e)
        {

        }

        protected void Button1_Click(object sender, EventArgs e)
        {
            SqlConnection con=new SqlConnection();
            con.ConnectionString="server=127.0.0.1;database=WebSite;uid=sa;pwd=111";
            con.Open();
            string sql="select count(*)from studentinfo where id='"+stuid.Text.ToString()+"'";
            SqlCommand comm=new SqlCommand(sql, con);
            int number=Convert.ToInt16(comm.ExecuteScalar().ToString());
            Label1.Text=number.ToString();
            if(number==0)
            {
                sql="insert into studentinfo(id,name,pwd,gender) values('"+stuid.Text.ToString()+"','"+stuname.Text.ToString()+"','"+stupwd.Text.ToString()+"','"+gender.Text.ToString()+"')";
                comm.CommandText=sql;
                comm.ExecuteNonQuery();
                Label1.Text="增加成功";
            }
            else
            {
                Label1.Text="该学号已经存在，请重新输入";
            }

        }
    }
```

程序运行后，输入学生信息，单击【Button】按钮，系统会提示"增加成功"。但是，再次单击【Button】按钮，系统会提示"该学号已经存在，请重新输入"，如图 5-6 所示。

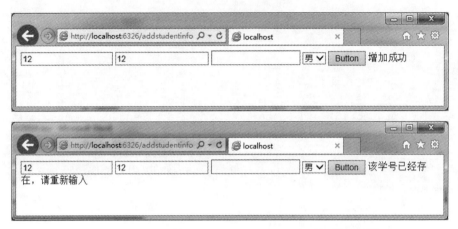

图 5-6　Command 的 ExecuteNonQuery（）方法运行效果图

5.4　DataReader 对象

5.4.1　DataReader 对象概述

SqlDataReader 类的声明语法是：SqlDataReader myreader；它不能使用构造函数方式声明，只能通过 Command 对象的 ExecuteReader（）方法获取 SqlDataReader 对象。ExecuteReader（）方法通常与查询命令（select 语句）一起使用，该方法执行后将生成一个数据阅读器对象 SqlDataReader 类的一个实例。这个数据阅读器是一种只读的、向前移动的游标。

赋值语句：myreader=mycommand. ExecuteReader（）；//即执行后返回数据给 myreader 对象。

例如，创建一个 SqlCommand，然后应用 ExecuteReader（）方法来创建 DataReader 对象来对数据源进行读取，代码如下：

```
SqlCommand command=new SqlCommand(queryString,connection);
SqlDataReader reader=command.ExecuteReader();
while(reader.Read())
{
    Response.Write();
}
```

5.4.2　DataReader 实验

实验目的：学会使用 DataReader 读取数据库中表的信息。现通过 DataReader 读取表 studentinfo 中的学生信息。

前台代码如下:

```
<%@ Page Language="C#" AutoEventWireup="true" CodeBehind="datareadertest.aspx.cs"Inherits="database.datareadertest"%>
<!DOCTYPE html>

<html xmlns="http://www.w3.org/1999/xhtml">
<head runat="server">
<meta http-equiv="Content-Type"content="text/html; charset=utf-8"/>
    <title></title>
</head>
<body>
    <form id="form1"runat="server">
    <div>
    <asp:Button ID="Button1"runat="server"Text="以 DataReader 方式读取数据"OnClick="Button1_Click"/><br /><hr />
        <asp:Label ID="Label1"runat="server"></asp:Label>
    </div>
    </form>
</body>
</html>
```

后台代码如下:

```
using System;
using System.Collections.Generic;
using System.Data.SqlClient;
using System.Linq;
using System.Web;
using System.Web.UI;
using System.Web.UI.WebControls;

namespace database
{
    public partial class datareadertest : System.Web.UI.Page
    {
        protected void Page_Load(object sender, EventArgs e)
        {

        }
```

```
        protected void Button1_Click(object sender, EventArgs e)
        {
            SqlConnection con=new SqlConnection();
            con.ConnectionString="server=127.0.0.1;database=WebSite;uid=sa;pwd=111";
            con.Open();

            string sql="select * from studentinfo";
            SqlCommand comm=new SqlCommand(sql, con);
            SqlDataReader dr=comm.ExecuteReader();

            while(dr.Read())
            {
                Label1.Text+="学号:"+dr["id"].ToString()+"<br/>"+"姓名:"+dr["name"].ToString()+"<br/>"+"密码:"+dr["pwd"].ToString()+"<br/>"+"性别:"+dr["gender"].ToString()+"<hr/>";
            }
            con.Close();
        }
```

代码运行结果如图 5-7 所示。

图 5-7 DataReader 运行效果图

5.5 DataAdapter 对象

5.5.1 DataAdapter 对象概述

对于 SQL Server 接口，使用的是 SqlDataAdapter 对象，在使用 DataAdapter 对象时，只需分别设置表示 SQL 命令和数据库连接的两个参数，就可以通过它的 Fill 方法把查询结果放在一个 DataSet 对象中。SqlDataAdapter 对象常用属性见表 5-4。SqlDataAdapter 对象常用方法见表 5-5。

表 5-4 SqlDataAdapter 对象常用属性

属性名	说明
SelectCommand	用于设置查询数据源中的 SQL 命令
InsertCommand	用于设置向数据源中添加数据行的 SQL 命令
DeleteCommand	用于设置删除数据源中数据行的 SQL 命令
UpdateCommand	用于设置修改数据源中指定数据行的 SQL 命令

表 5-5 SqlDataAdapter 对象常用方法

方法名	说明
Fill（DataSet 实例，"表名"）	将 SelectCommand 属性指定的 select 命令执行后所获取的数据行填充到参数 DataSet 中指定的"表名"表中
Update（）	用于将数据集 DataSet 实例对象的内容重新更新回数据源中，如 DataAdapter1.Update（mydataset，"student"）
Dispose（）	用于关闭并释放该 DataAdapter 对象占用的系统资源

SqlDataAdapter 对象的常见声明方法有三种：

（1）SqlDataAdapter 对象名=new SqlDataAdapter（SQL 语句，连接字符串）；

（2）由 Connection 对象生成

SqlDataAdapter 对象名=new SqlDataAdapter（SQL 语句，SqlConnection 对象）；

（3）由 Command 对象生成

SqlDataAdapter 对象名=new SqlDataAdapter（SqlCommand 对象）；

SqlDataAdapter 对象应用过程如下：

（1）建立数据库连接

SqlConnection

myconn=new SqlConnection（"Server=（local）；database=scstc；user=sa；pwd=123"）；

（2）创建 SqlCommand 对象，设置要执行的 SQL 语句：

SqlCommand command=new SqlCommand（"SQL 命令"，myconn）；

（3）创建并实例化一个 SqlDataAdapter 对象：

SqlDataAdapter myda=new SqlDataAdapter（myconn）；

此处可根据 SQL 语句的不同设置 SqlDataAdapter 对象的不同属性，如：

mycomm，CommandText="delete from student where sno='1101'"

myda.DeleteCommand=mycomm；

（4）创建一个 DataSet 对象，用于接收数据，如：

DataSet myds=new DataSet（）；

（5）填充数据集。比如 myda.Fill（myds，"表名"）

（6）操作数据集中的数据。比如将数据绑定到数据控件 DataGrid：DataGrid1.DataSource=myds.Tables[0]；或者=myds.Tables["表名"]。

（7）关闭数据连接。

5.5.2　DataAdapter 实验

实验目的：熟练掌握 SqlDataAdapter 对象应用过程。读取 studentinfo 表中的学生信息，并绑定到 GridView 控件上。

前台代码如下：

```
<%@ Page Language="C#"AutoEventWireup="true"CodeBehind="dataadapter.aspx.cs"Inherits="database.dataadapter"%>

<!DOCTYPE html>

<html xmlns="http://www.w3.org/1999/xhtml">
<head runat="server">
< meta  http-equiv="Content-Type"content="text/html;charset=utf-8"/>
    <title></title>
</head>

<body>
    <form id="form1"runat="server">
```

```
    <div>
     < asp:button runat="server"text=" 读取数据 "OnClick="Button_Click"/>
       < asp:GridView ID="GridView1"runat="server" > < /asp:GridView>
     </div>
    </form>
  </body>
</html>
```

后台代码如下：

```
using System;
using System.Collections.Generic;
using System.Data;
using System.Data.SqlClient;
using System.Linq;
using System.Web;
using System.Web.UI;
using System.Web.UI.WebControls;

namespace database
{
    public partial class dataadapter : System.Web.UI.Page
    {
        protected void Page_Load(object sender, EventArgs e)
        {

        }

        protected void Button_Click(object sender, EventArgs e)
        {
            SqlConnection con=new SqlConnection();
            con.ConnectionString="server=127.0.0.1;database=WebSite;uid=sa;pwd=111";
            con.Open();

            string sql="select * from studentinfo";
            SqlCommand comm=new SqlCommand(sql,con);
```

```
            SqlDataAdapter mySqlAdapter=new SqlDataAdapter(comm);
            DataSet myDS=new DataSet();
            mySqlAdapter.Fill(myDS);
            GridView1.DataSource=myDS.Tables[0];
            GridView1.DataBind();

            con.Close();

        }
    }
}
```

程序运行结果如图 5-8 所示。

 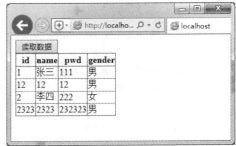

图 5-8 DataAdapter 实验运行效果图

5.6 DataSet 对象

5.6.1 DataSet 对象概述

DataSet 对象又叫数据集对象,可以用来存储从数据库查询到的数据结果,由于它在获得数据或更新数据后立即与数据库断开,所以程序员能用此高效地访问和操作数据库。由于 DataSet 对象具有离线访问数据库的特性,所以它通常用来接收海量的数据信息。

该对象既可以包含多个表(DataTable),也可以包含表之间的关系和约束(DataRelation)。每一个 DataTable 可以包含多个 DataRow。DataRow 表示 DataTable 的数据行,一个 DataTable 中的数据行会有很多。针对一个 DataTable,它的 Rows 属性表示这个表的所有数据行,是一个集合。

由于该对象经常与 DataAdapter 对象一起配合使用，所以创建 DataSet 后必须用 DataAdapter 对象的 Fill(DataSet 对象名[,表名])方法将数据库记录填入 DataSet 对象。若省略 Fill（）方法中的"表名"，则 DataSet 对象中的表用索引序号（从 0 开始编号）表示。

访问 DataSet 对象中的表有两种形式：

（1）以表名称的方式访问。

DataAdapter myda=new DataAdapter（）；
DataSet ds=new DataSet（）；
myda.Fill（ds，"tb"）；
DataView1.DataSource=ds.Tables["tb"]；
DataView1.DataBind（）；

（2）以索引序号的方式访问。

DataAdapter myda=new DataAdapter（）；
DataSet ds=new DataSet（）；
myda.Fill（ds）；
DataView1.DataSource=ds.Tables[0]；
DataView1.DataBind（）；

5.6.2 DataSet 实验

实验目的：独立使用 DataSet。创建一个 DataSet 对象，然后在其中创建一个表，同时将其绑定到 GridView 控件上。

前台代码如下：

```
<%@ Page Language="C#"AutoEventWireup="true"CodeBehind="datasetdemo.aspx.cs"Inherits="database.datasetdemo"%>
<!DOCTYPE html>
<html xmlns="http://www.w3.org/1999/xhtml">
<head runat="server">
< meta  http-equiv="Content-Type"content="text/html;charset=utf-8"/>
    <title></title>
</head>
<body>
    <form id="form1"runat="server">
    <div>
```

```
        <asp:GridView ID="GridView1"runat="server"></asp:GridView>
    </div>
    </form>
</body>
</html>
```

后台代码如下：

```
using System;
using System.Collections.Generic;
using System.Data;
using System.Linq;
using System.Web;
using System.Web.UI;
using System.Web.UI.WebControls;

namespace database
{
    public partial class datasetdemo : System.Web.UI.Page
    {
        protected void Page_Load(object sender, EventArgs e)
        {
            DataSet ds=new DataSet();
            DataTable dt=new DataTable();
            dt.Columns. Add("Id", System. Type. GetType("System.Int32"));
            dt.Columns.Add("Name",System.Type.GetType("System.String"));
            dt.Columns.Add("Pwd",System.Type.GetType("System.String"));
            dt.Columns["Id"].AutoIncrement=true;
            ds.Tables.Add(dt);
            ds.Tables[0].PrimaryKey=new DataColumn[]{ds.Tables[0].Columns["Id"]};
            DataRow dr1=dt.NewRow();

            dr1[1]="李四";
            dr1[2]="111";
            dt.Rows.Add(dr1);
            DataRow dr2=dt.NewRow();
```

```
            dr2[1]="王五";
            dr2[2]="222";
            dt.Rows.Add(dr2);
            GridView1.DataSource=ds;
            GridView1.DataBind();
        }
    }
}
```

程序运行结果如图 5-9 所示。

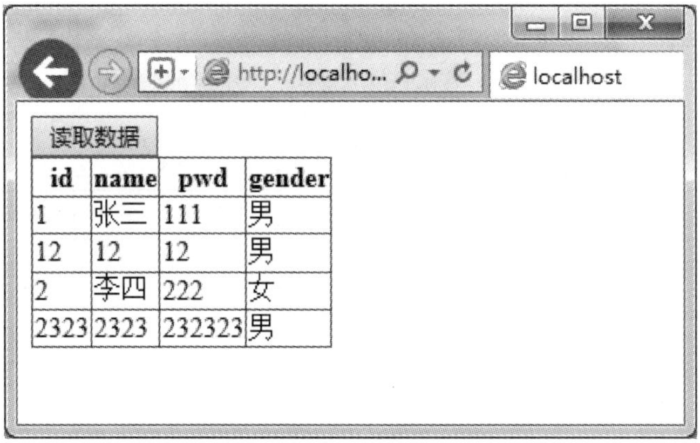

图 5-9　DataSet 实验运行效果图

5.7　GridView 控件

5.7.1　GridView 控件概述

　　GridView 控件是一个显示表格式数据的控件，该控件是 ASP.NET 服务器控件中功能最强大、最实用的一个控件。
　　GridView 控件显示一个二维表格式数据，每列表示一个字段，每行表示一条记录。
　　GridView 控件的主要功能是通过数据源控件自动绑定数据源的数据，然后按照数据源中的一行显示为输出表中的一行的规则将数据显示出来。该控件无须编写任何代码即可实现选择、排序、分页、编辑和删除功能。
　　GridView 控件的常用属性见表 5-6。

表 5-6 GridView 控件的常用属性

名称	说明
AllowPaging	指示是否启用分页功能
AllowSorting	指示是否启用排序功能
AutoGenerateColumns	指示是否为数据源中的每个字段自动创建绑定字段
AutoGenerateDeleteButton	指示每个数据行是否添加【删除】按钮
AutoGenerateEditButton	指示每个数据行是否添加【编辑】按钮
AutoGenerateSelectButton	指示每个数据行是否添加【选择】按钮
EditIndex	获取或设置要编辑行的索引
DataKeyNames	获取或设置 GridView 控件中的主键字段的名称，多个主键字段间以逗号隔开
DataSource	获取或设置对象，数据绑定控件从该对象中检索其数据项列表
DataMember	当数据源有多个数据项列表时，获取或设置数据绑定控件绑定到的数据列表的名称
DataSourceID	获取或设置控件的 ID，数据绑定控件从该控件中检索其数据项列表
PageCount	获取在 GridView 控件中显示数据源记录所需的页数
PageIndex	获取或设置当前显示页的索引
PageSize	获取或设置每页显示的记录数
SortDirection	获取正在排序列的排序方向
SortExpression	获取与正在排序的列关联的排序表达式

5.7.2 GridView 和 DropDownList 实验

实验目的：掌握 GrivdView 和 DropDownList 整合方法。读取 studentinfo 表中的信息，对于性别选项，能够以下拉列表框的形式显示出来。

前台代码如下：

```
< %@ Page Language="C#"AutoEventWireup="true"CodeFile="Default.aspx.cs"Inherits="_Default"%>

<!DOCTYPE html>

<html xmlns="http://www.w3.org/1999/xhtml">
<head runat="server">
< meta http-equiv="Content-Type"content="text/html; charset=utf-
```

```
8"/>
        <title></title>
   </head>
   <body>
      <form id="form1"runat="server">
      <div>
      
      </div>
        <asp:GridView ID="GridView1"runat="server" AllowSorting="True"
AutoGenerateColumns="False"
        CellPadding="3"Font-Size="9pt"BackColor="White"    BorderColor=
"#CCCCCC"BorderStyle="None"BorderWidth="1px">
        <FooterStyle BackColor="White"ForeColor="#000066"/>
        <Columns>
        < asp:BoundField   DataField=   "UserId"HeaderText=" 学 号 "
SortExpression= "学号"/>
        < asp:BoundField   DataField=   "username"  HeaderText=" 姓 名 "
SortExpression="姓名"/>
          <  asp:BoundField    DataField="pwd"   HeaderText=" 密 码 "
SortExpression="密码"/>
        <asp:TemplateField HeaderText="员工性别">
        <ItemTemplate>
        <asp:DropDownList ID="DropDownList1"runat="server"DataSource=
'<%# ddlbind()%>' DataValueField="gender"DataTextField="gender">
        </asp:DropDownList>
        </ItemTemplate>
        </asp:TemplateField>
        < asp:BoundField  DataField="Address"HeaderText=" 家 庭 住 址 "
SortExpression="家庭住址"/>
        </Columns>
        <RowStyle ForeColor="#000066"/>
        <SelectedRowStyle BackColor="#669999"Font-Bold="True" ForeColor=
"White"/>
         <HeaderStyle BackColor="#006699" Font-Bold="True" ForeColor=
"Red" />
        </asp:GridView>
        </form>
   </body>
   </html>
```

后台代码如下：

```csharp
using System;
using System.Collections.Generic;
using System.Data;
using System.Data.SqlClient;
using System.Linq;
using System.Web;
using System.Web.UI;
using System.Web.UI.WebControls;

public partial class _Default : System.Web.UI.Page
{
    SqlConnection sqlcon;string strCon="Data Source=(local);Database=TestASP;Uid=sa;Pwd=111";
    protected void Page_Load(object sender, EventArgs e)
    {
        DropDownList ddl;
        if(!IsPostBack)
        {
            string sqlstr="select * from Userinfo";
            sqlcon=new SqlConnection(strCon);
            SqlDataAdapter myda=new SqlDataAdapter(sqlstr,sqlcon);
            DataSet myds=new DataSet();
            sqlcon.Open();
            myda.Fill(myds,"userTable");
            GridView1.DataSource=myds;
            GridView1.DataBind();
            for(int i=0;i<=GridView1.Rows.Count - 1;i++)
            {
                DataRowView mydrv=myds.Tables["userTable"].DefaultView[i];
                if(Convert.ToString(mydrv["gender"]).Trim().Equals("男"))
                {
                    ddl=(DropDownList)GridView1.Rows[i].FindControl("DropDownList1");
                    ddl.SelectedIndex=0;
                }
```

```
                if(Convert.ToString(mydrv["gender"]).Trim().Equals("女"))
                {
                    ddl=(DropDownList)GridView1.Rows[i].FindControl("DropDownList1");
                    ddl.SelectedIndex=1;
                }
            } sqlcon.Close();
        }
    }
    public SqlDataReader ddlbind()
    {
        string sqlstr="select distinct gender from Userinfo";
        sqlcon=new SqlConnection(strCon);
        SqlCommand sqlcom=new SqlCommand(sqlstr, sqlcon);
        sqlcon.Open();
        return sqlcom.ExecuteReader();
    }
}
```

运行结果如图 5-10 所示。

图 5-10　GridView 和 DropDownList 实验程序运行效果图

5.7.3　GridView 和 CheckBox 实验

实验目的：掌握 GrivdView 和 CheckBox 整合方法。读取 studentinfo 表中的信息，能够实现全选、单选功能。界面如图 5-11 所示。

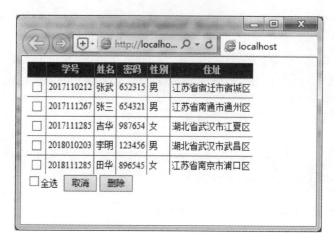

图 5-11 GridView 和 CheckBox 实验程序运行结果图

前台代码如下：

```
    <%@ Page Language="C#"AutoEventWireup="true"CodeFile="Default2.
aspx.cs"Inherits="Default2"%>

    <!DOCTYPE html>

    <html xmlns="http://www.w3.org/1999/xhtml">
    <head runat="server">
    < meta  http-equiv="Content-Type"content="text/html;charset=utf-
8"/>
    <title></title>
    </head>
    <body>
    <form id="form1"runat="server">
    <div>
    < asp:GridView  ID="GridView1"runat="server"AutoGenerateColumns=
"False"Font-Size="9pt"
        BackColor="White"BorderColor="#CCCCCC"BorderStyle="None"
BorderWidth="1px"
        CellPadding="3"DataKeyNames="Userid">
    <Columns>
        <asp:TemplateField>
            <ItemTemplate>
                <asp:CheckBox ID="CheckBox1"runat="server"/>
            </ItemTemplate>
```

```
            </asp:TemplateField>
            < asp:BoundField DataField="userid"HeaderText=" 学 号 "
ReadOnly="True"SortExpression="学号"/>
            < asp:BoundField DataField="username"HeaderText=" 姓 名 "
SortExpression="姓名"/>
            < asp:BoundField DataField="pwd"HeaderText=" 密 码 "
SortExpression="密码"/>
            < asp:BoundField DataField="gender"HeaderText=" 性 别 "
SortExpression="性别"/>
            < asp:BoundField DataField="Address"HeaderText=" 住 址 "
SortExpression="住址"/>
        </Columns>
        <FooterStyle BackColor="#99CCCC"ForeColor="#003399"/>
        < HeaderStyle BackColor="#003399"Font-Bold="True"ForeColor=
"#CCCCFF"/>
    </asp:GridView>
    <asp:CheckBox ID="CheckBox2"runat="server"AutoPostBack= "True"
Font-Size="9pt"OnCheckedChanged="CheckBox2_CheckedChanged"Text="全选"/>
 
    <asp:Button ID="Button1"runat="server"Font-Size="9pt"Text="取
消"OnClick="Button1_Click"/>
    <asp:Button ID="Button2"runat="server"Font-Size="9pt"Text="删
除"OnClick="Button2_Click"/>
    </div>
    </form>
</body>
</html>
```

后台代码如下：

```
using System;
using System.Collections.Generic;
using System.Data;
using System.Data.SqlClient;
using System.Linq;
using System.Web;
using System.Web.UI;
using System.Web.UI.WebControls;

public partial class Default2 : System.Web.UI.Page
```

```csharp
{
    SqlConnection sqlcon;
    string strCon="Data Source=(local);Database=TestASP;Uid=sa;Pwd=111";
    protected void Page_Load(object sender, EventArgs e)
    {
        if(!IsPostBack)
        {
            bind();
        }
    }
    protected void CheckBox2_CheckedChanged(object sender, EventArgs e)
    {
        for(int i=0;i<=GridView1.Rows.Count - 1;i++)
        {
            CheckBox cbox=(CheckBox)GridView1.Rows[i].FindControl("CheckBox1");
            if(CheckBox2.Checked==true)
            {
                cbox.Checked=true;
            }
            else
            {
                cbox.Checked=false;
            }
        }
    }
    protected void Button2_Click(object sender, EventArgs e)
    {
        sqlcon=new SqlConnection(strCon);
        SqlCommand sqlcom;
        for(int i=0;i<=GridView1.Rows.Count - 1;i++)
        {
            CheckBox cbox=(CheckBox)GridView1.Rows[i].FindControl("CheckBox1");
            if(cbox.Checked==true)
            {
                string sqlstr="delete from Userinfo where userid='"+GridView1.DataKeys[i].Value+"'";
                sqlcom=new SqlCommand(sqlstr, sqlcon);
```

```
            sqlcon.Open();
            sqlcom.ExecuteNonQuery();
            sqlcon.Close();
        }
    }
    bind();
}
protected void Button1_Click(object sender, EventArgs e)
{
    CheckBox2.Checked=false;
    for(int i=0;i<=GridView1.Rows.Count - 1;i++)
    {
        CheckBox cbox = (CheckBox) GridView1.Rows[i].FindControl("CheckBox1");
        cbox.Checked=false;
    }
}
public void bind()
{
    string sqlstr="select * from userinfo";
    sqlcon=new SqlConnection(strCon);
    SqlDataAdapter myda=new SqlDataAdapter(sqlstr, sqlcon);
    DataSet myds=new DataSet();
    sqlcon.Open();
    myda.Fill(myds);
    GridView1.DataSource=myds;
    GridView1.DataKeyNames=new string[] {"userid"};
    GridView1.DataBind();
    sqlcon.Close();
}
}
```

5.7.4 GridView 行背景颜色改变实验

实验目的：掌握 GrivdView 行背景颜色的改变方法。读取 studentinfo 表中的信息，将其绑定到 GridView 控件上。鼠标触到一行，这一行背景颜色发生改变，如图 5-12 所示。

图 5-12 GridView 行背景颜色改变实验程序运行结果图

前台代码如下：

```
<%@ Page Language="C#"AutoEventWireup="true"CodeFile="Default3.aspx.cs"Inherits="Default3"%>

<!DOCTYPE html>

<html xmlns="http://www.w3.org/1999/xhtml">
<head runat="server">
<meta http-equiv="Content-Type"content="text/html; charset=utf-8"/>
    <title></title>
</head>
<body>
    <form id="form1"runat="server">
    <div>
     <asp:GridView ID="GridView1"runat="server"AutoGenerateColumns="False"
           OnRowDataBound="GridView1_RowDataBound"
           BackColor="White"BorderColor="#CCCCCC"BorderStyle="Ridge"BorderWidth="2px"
           CellPadding="3"CellSpacing="1"GridLines="None"Height="276px"Width="686px">
       <Columns>
        <asp:BoundField DataField="userid"HeaderText="学号"SortExpression="学号"/>
        <asp:BoundField DataField="username"HeaderText="姓名"
```

```
SortExpression="姓名"/>
        <asp:BoundField DataField="pwd" HeaderText="密码"
SortExpression="密码"/>
        <asp:BoundField DataField="gender" HeaderText="性别"
SortExpression="性别"/>
        <asp:BoundField DataField="address"HeaderText="家庭地址"
SortExpression="家庭地址"/>
      </Columns>
      <HeaderStyle BackColor="#4A3C8C"Font-Bold="True"ForeColor=
"#E7E7FF"/>
      </asp:GridView>
    </div>
    </form>
  </body>
</html>
```

后台代码如下：

```
using System;
using System.Collections.Generic;
using System.Data;
using System.Data.SqlClient;
using System.Linq;
using System.Web;
using System.Web.UI;
using System.Web.UI.WebControls;

public partial class Default3 : System.Web.UI.Page
{
    SqlConnection sqlcon;
    string strCon="Data Source=(local);Database=TestASP;Uid=sa;Pwd=111";
    protected void Page_Load(object sender, EventArgs e)
    {
        if(!IsPostBack)
        {
            bind();
        }
    }
```

```
        protected    void     GridView1_RowDataBound(object    sender,
GridViewRowEventArgs e)
    {
        int i;
        for(i=0;i<=GridView1.Rows.Count;i++)
        {
            if(e.Row.RowType==DataControlRowType.DataRow)
            {
                e.Row.Attributes.Add("onmouseover",  "c=this.style.
backgroundColor;this.style.backgroundColor='#00A9FF'");
                e.Row.Attributes.Add("onmouseout","this.style.
backgroundColor=c");
            }
        }


    }
    public void bind()
    {
        string sqlstr="select * from userinfo";
        sqlcon=new SqlConnection(strCon);
        SqlDataAdapter myda=new SqlDataAdapter(sqlstr, sqlcon);
        DataSet myds=new DataSet();
        sqlcon.Open();
        myda.Fill(myds);
        GridView1.DataSource=myds;
        GridView1.DataKeyNames=new string[] {"userid"};
        GridView1.DataBind();
        sqlcon.Close();
    }
}
```

5.8 Repeater 控件

5.8.1 Repeater 控件概述

数据绑定控件 Repeater 的主要功能是以更自由的方式来控制数据的显示。它会按照所要求的样式严格地输出数据记录。Repeater 控件本身不具备内置的呈现功能，用户必须通过创建模板为 Repeater 控件提供布局。模板可以包含标记和控件的任意组合。如果未定义模板，或者如果模板不包含元素，则当应用程序运行时，该控件不显示在页面上。Repeater 控件支持的模板如表 5-7 所示。

表 5-7　Repeater 控件支持的模板

模板名称	含义	功能
ItemTemplate	项模板	定义显示项的内容和布局
HeaderTemplate	页眉模板	定义页眉的内容和布局
FooterTemplate	页脚模板	定义页脚的内容和布局
AlternatingItemTemplate	交替项模板	定义交替项的内容和布局
SeparatorTemplate	分隔符模板	定义在项之间的分隔符

5.8.2　Repeater 实验

实验目的：学会使用 Repeater 控件。通过 Repeater 控件显示 studentinfo 表中的信息。界面如图 5-13 所示。

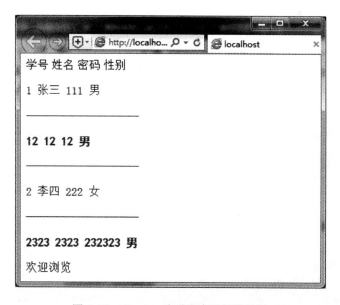

图 5-13　Repeater 实验程序运行结果图

前台代码如下：

```
<%@ Page Language="C#"AutoEventWireup="true"CodeBehind="stulist.aspx.cs"Inherits="database.stulist"%>

<!DOCTYPE html>

<html xmlns="http://www.w3.org/1999/xhtml">
<head runat="server">
< meta http-equiv="Content-Type"content="text/html;charset=utf-8"/>
    <title></title>
</head>
<body>
    <form id="form1"runat="server">
    <div>
        
        <asp:Repeater ID="Repeater1"runat="server">
<HeaderTemplate>
        <tr>
            <td>学号</td>
            <td>姓名</td>
            <td>密码</td>
            <td>性别</td>
        </tr>

</HeaderTemplate>
            <AlternatingItemTemplate>
    <font face="黑体"color="#ff0000"><p>
<b><%#DataBinder.Eval(Container.DataItem,"id")%></b>
<b><%#DataBinder.Eval(Container.DataItem,"name")%></b>
<b><%#DataBinder.Eval(Container.DataItem,"pwd")%></b>
<b><%#DataBinder.Eval(Container.DataItem,"gender")%></b>
</p>
     </font>
  </AlternatingItemTemplate>
  <ItemTemplate>
    <font face="宋体"color="#0000ff">
    <p>
    <%#DataBinder.Eval(Container.DataItem,"id")%>
    <%#DataBinder.Eval(Container.DataItem,"name")%>
    <%#DataBinder.Eval(Container.DataItem,"pwd")%>
```

```
            <%#DataBinder.Eval(Container.DataItem,"gender")%>
         </p>
      </ItemTemplate>
      <SeparatorTemplate>
<tr>
<td><b>--------------------</b></td>
</tr>
</SeparatorTemplate>

<FooterTemplate>
<tr>
    <td rowspan="4">欢迎浏览</td>
 </tr>
</FooterTemplate>
</asp:Repeater>
    </div>
    </form>
</body>
</html>
```

后台代码如下：

```
Stulist.aspx.cs

using System;
using System.Collections.Generic;
using System.Data;
using System.Data.SqlClient;
using System.Linq;
using System.Web;
using System.Web.UI;
using System.Web.UI.WebControls;

namespace database
{
    public partial class stulist : System.Web.UI.Page
    {
        protected void Page_Load(object sender, EventArgs e)
        {
            SqlConnection con=new SqlConnection();
```

```
            con.ConnectionString="server=127.0.0.1;database=WebSite;uid=sa;pwd=111";
            con.Open();
            string sql="select * from studentinfo";
            SqlCommand comm=new SqlCommand(sql, con);
            SqlDataAdapter mySqlAdapter=new SqlDataAdapter(comm);

            DataSet myDS=new DataSet();
            mySqlAdapter.Fill(myDS);
            Repeater1.DataSource=myDS.Tables[0];
            Repeater1.DataBind();

            con.Close();
        }
    }
}
```

第 6 章　基于存储过程的增删改查

6.1　存 储 过 程

存储过程是由一些 T-SQL 语句组成的代码块。这些 T-SQL 语句代码块像一个方法一样实现一些功能（对单表或多表的增删改查），然后再给这个代码块取一个名字，在用到这个功能的时候调用它就行了。存储过程具有如下的优点：

（1）由于数据库执行动作时，是先编译后执行的，而存储过程是一个编译过的代码块，所以执行效率要比 T-SQL 语句高。

（2）一个存储过程在程序中交互时，可以替代大堆的 T-SQL 语句，所以也能降低网络的通信量，提高通信速率。

（3）通过存储过程能够使没有权限的用户在控制之下间接地存取数据库，从而确保数据的安全。

创建存储过程基本语法：

```
CREATE PROC[EDURE]procedure_name[number]
[{@parameter data_type}
[VARYING][=default][OUTPUT]]
[,...n]
[WITH
{RECOMPILE|ENCRYPTION|RECOMPILE,ENCRYPTION}]
[FOR REPLICATION]
AS sql_statement[...n]
```

调用存储过程：

```
EXECUTE procedure_name'
```

存储过程如果有参数，后面加参数格式为@参数名=value，也可直接为参数值 value。

删除存储过程：

```
drop procedure procedure_name
```

在存储过程中能调用另外一个存储过程，而不能删除另外一个存储过程。

创建存储过程的参数：

（1）procedure_name：存储过程的名称，在前面加#为局部临时存储过程，加##为全局临时存储过程。

（2）number：是可选的整数，用来对同名的过程分组，以便用一条 DROP PROCEDURE 语句即可将同组的过程一起除去。例如，名为 orders 的应用程序的使用过程可以命名为 orderproc；1、orderproc；2 等。DROP PROCEDURE orderproc 语句将除去整个组。如果名称中包含定界标识符，则数字不应包含在标识符中，只应在 procedure_name 前后使用适当的定界符。

（3）@parameter：存储过程的参数，可以有一个或多个。用户必须在执行过程时提供每个所声明参数的值（除非定义了该参数的默认值）。存储过程最多可以有 2100 个参数。使用@符号作为第一个字符来指定参数名称。参数名称必须符合标识符的规则。每个过程的参数仅用于该过程本身；相同的参数名称可以用在其他过程中。默认情况下，参数只能代替常量，而不能用于代替表名、列名或其他数据库对象的名称。

（4）data_type：参数的数据类型。所有数据类型（包括 text、ntext 和 image）均可以用作存储过程的参数。不过，cursor 数据类型只能用于 OUTPUT 参数。如果指定的数据类型为 cursor，也必须同时指定 VARYING 和 OUTPUT 关键字。

（5）VARYING：指定作为输出参数支持的结果集（由存储过程动态构造，内容可以变化）。仅适用于游标参数。

（6）default：参数的默认值。如果定义了默认值，不必指定该参数的值即可执行过程。默认值必须是常量或 NULL。如果过程对该参数使用 LIKE 关键字，那么默认值中可以包含通配符（%、_、[]和[^]）。

（7）OUTPUT：表明参数是返回参数。该选项的值可以返回给 EXEC[UTE]。使用 OUTPUT 参数可将信息返回给调用过程。text、ntext 和 image 参数可用作 OUTPUT 参数。使用 OUTPUT 关键字的输出参数可以是游标占位符。

（8）RECOMPILE：表明 SQL Server 不会缓存该过程的计划，该过程将在运行时重新编译。在使用非典型值或临时值而不希望覆盖缓存在内存中的执行计划时，请使用 RECOMPILE 选项。

（9）ENCRYPTION：表示 SQL Server 加密 syscomments 表中包含 CREATE PROCEDURE 语句文本的条目。使用 ENCRYPTION 可防止将过程作为 SQL Server 复制的一部分发布。

（10）FOR REPLICATION：指定不能在订阅服务器上执行为复制创建的存储过程。使用 FOR REPLICATION 选项创建的存储过程可用作存储过程筛选，且只能在复制过程中执行。本选项不能和 WITH RECOMPILE 选项一起使用。

6.2 实验准备

在 SQL Server 数据库中创建一个数据库 WebSite。在 WebSite 上创建一个表 Userinfo，字段信息如图 6-1 所示。

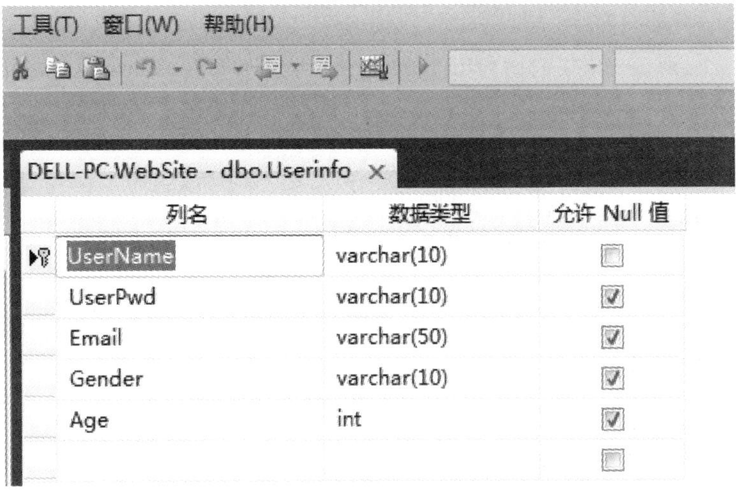

图 6-1 数据库表结构

6.3 增加操作的实验

增加操作就是向数据库中增加新的记录。

6.3.1 增加操作的存储过程

由表 Userinfo 可知，需要输入的五个字段信息，存储过程要反馈给调用程序，告知执行结果情况，因此需要一个输出参数。存储过程的代码如下：

```
Create procedure [dbo].[userinfo_insert]
@username varchar(10),
@userPwd varchar(10),
@email varchar(50),
@gender varchar(10),
@age int,
@ReturnStatus varchar(100)output
```

```
as
if(exists(select*from Userinfo where UserName=@username))
begin
  set @ReturnStatus='exists';
  return
end

if(not exists(select*from Userinfo where UserName=@username))
begin
  insert into userinfo(UserName,UserPwd,Email,Gender,Age)
    values(@username,@userPwd,@email,@gender,@age)
  set @ReturnStatus='OK'
  return
end
```

6.3.2 调用存储过程的方法

存储过程编写好以后，需要有调用存储过程的类。这里需要用到访问数据库的 Connection 对象和 Command 对象。代码如下：

```
using System;
using System.Collections.Generic;
using System.Linq;
using System.Web;
using System.Configuration;
using System.Data.SqlClient;
using System.Data;
using System.Security.Cryptography;
using System.Text;
using System.IO;

namespace procedurecall
{
    public class DatabaseCalls
    {
        static string url="User ID=sa;Initial Catalog=WebSite;Data Source=localhost;Password=111";public static string AddUserinfo(string username,string userPwd,string email,string gender,int age)
        {
```

```
            SqlConnection MyConnection=new SqlConnection(url);
            MyConnection.Open();
            SqlCommand MyCommand=new SqlCommand();
            MyCommand.Connection=MyConnection;
            MyCommand.CommandType=CommandType.StoredProcedure;
            MyCommand.CommandText="userinfo_insert";

            MyCommand.Parameters.Add(new SqlParameter("@username",
SqlDbType.VarChar,10));
            MyCommand.Parameters["@username"].Value=username;
            MyCommand.Parameters.Add(new SqlParameter("@userPwd",
SqlDbType.VarChar,10));
            MyCommand.Parameters["@userPwd"].Value=userPwd;
            MyCommand.Parameters.Add(new SqlParameter("@email",
SqlDbType.VarChar,50));
            MyCommand.Parameters["@email"].Value=email;
            MyCommand.Parameters.Add(new SqlParameter("@gender",
SqlDbType.VarChar,10));
            MyCommand.Parameters["@gender"].Value=gender;
            MyCommand.Parameters.Add(new SqlParameter("@age",Sql-
DbType.Int,4));
            MyCommand.Parameters["@age"].Value=age;

            MyCommand.Parameters.Add(new SqlParameter("@ReturnSta-
tus",SqlDbType.VarChar,100));
            MyCommand.Parameters["@ReturnStatus"].Direction=Param-
eterDirection.Output;
            MyCommand.ExecuteNonQuery();
            return(string)MyCommand.Parameters["@ReturnStatus"].
Value;
        }
    }
```

6.3.3 前台页面

前台的页面主要供用户输入信息。这里为了减少代码量,没有加入验证控件。前台代码如下:

```
<%@ Page Language="C#" AutoEventWireup="true" CodeBehind="add.aspx.cs" Inherits="procedurecall.add"%>
```

```
<!DOCTYPE html>

<html xmlns="http://www.w3.org/1999/xhtml">
<head runat="server">
<meta http-equiv="Content-Type" content="text/html;charset=utf-8"/>
    <title></title>
</head>
<body>
    <form id="form1" runat="server">
    <div>
    用户名:<asp:TextBox ID="userName" runat="server"></asp:TextBox><br/>
    密码:<asp:TextBox ID="userPwd" runat="server" TextMode="Password"> </asp:TextBox><br/>
    电子邮件:<asp:TextBox ID="email" runat="server"></asp:TextBox><br/>
    性别:男<asp:RadioButton ID="boy" runat="server" GroupName="gender" Checked="true"/>
        女<asp:RadioButton ID="girl" runat="server" GroupName="gender"/><br/>
    年龄<asp:TextBox ID="age" runat="server"></asp:TextBox><br/>
        <asp:Button ID="addButton" Text="增加" runat="server" OnClick="addButton_Click"/><br/>
        <asp:Button ID="goBack" Text="返回主界面" runat="server" OnClick="goBack_Click"/><br/>
        <asp:Label ID="message" runat="server"></asp:Label>

    </div>
    </form>
</body>
</html>
```

后台页面获取用户填写信息,调用写好的类函数,将数据保存到数据库中。根据数据库返回的参数,判断保存是否成功。

页面的后台代码如下:

```
using System;
using System.Collections.Generic;
using System.Linq;
```

```
using System.Web;
using System.Web.UI;
using System.Web.UI.WebControls;

namespace procedurecall
{
    public partial class add:System.Web.UI.Page
    {
        protected void addButton_Click(object sender,EventArgs e)
        {
            string gender="男";
            if(girl.Checked)gender="女";
            string status=DatabaseCalls.AddUserinfo(userName.Text.ToString(),userPwd.Text.ToString(),email.Text.ToString(),gender,Convert.ToInt16(age.Text.ToString()));

            if(status.Equals("exists"))
                message.Text="该用户名已经存在";
            if(status.Equals("OK"))
                message.Text="增加成功";
        }
        protected void goBack_Click(object sender,EventArgs e)
        {
            Response.Redirect("list.aspx");
        }
    }
}
```

增加用户页面运行结果如图 6-2 所示。

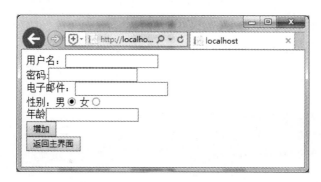

图 6-2　增加用户页面运行结果

6.4 修改操作

修改操作就是对已有的记录进行修改的过程。

6.4.1 修改操作的存储过程

因为要修改，所以必须先要读取用户的信息。这里给出了一个通过用户名读取用户信息的存储过程。

存储过程代码如下：

```
Create procedure[dbo].[userinfo_select_ByUsername]
@username varchar(50),
@ReturnStatus varchar(100)output
as
  select*from Userinfo
  where username=@username

if(@@ROWCOUNT>=1)
begin
        set @ReturnStatus='OK'
        return
end
else
begin
        set @ReturnStatus='NO'
        return
end
```

修改操作涉及所有的字段信息，因此输入参数还是五个，输出参数是一个。

修改的存储过程代码如下：

```
Create procedure[dbo].[userinfo_update]
@username varchar(10),
@userPwd varchar(10),
@email varchar(50),
@gender varchar(10),
@age int,
@ReturnStatus varchar(100)output
```

```sql
as

if(exists(select*from Userinfo where UserName=@username))
begin
    update Userinfo
    set userPwd=@userPwd,Email=@email,gender=@gender,age=@age
    where UserName=@username
    set @ReturnStatus='OK'
    return
end

if(not exists(select*from Userinfo where UserName=@username))
begin
    set @ReturnStatus='NO'
    return
end
```

6.4.2 调用存储过程的方法

由于是两个存储过程，因此调用的类中也有对应的两个方法。SelectUserBy-Username 方法是通过用户名获取用户信息，UpdateUserinfo 方法是修改用户信息。

具体代码如下：

```csharp
using System;
using System.Collections.Generic;
using System.Linq;
using System.Web;
using System.Configuration;
using System.Data.SqlClient;
using System.Data;
using System.Security.Cryptography;
using System.Text;
using System.IO;

namespace procedurecall
{
    public class DatabaseCalls
    {
        static string url="User ID=sa;Initial Catalog=WebSite;Data Source=localhost;Password=111";
```

```csharp
public static DataSet SelectUserByUsername(string username)
{
    SqlConnection MyConnection=new SqlConnection(url);

    //Create a DataAdapter,and then provide the name of the stored procedure.
    SqlDataAdapter MyDataAdapter=new
    SqlDataAdapter("userinfo_select_ByUsername",MyConnection);

    //Set the command type as StoredProcedure.
    MyDataAdapter.SelectCommand.CommandType=CommandType.StoredProcedure;
    MyDataAdapter.SelectCommand.Parameters.Add(new
    SqlParameter("@username",SqlDbType.Int,4));
    MyDataAdapter.SelectCommand.Parameters["@username"].Value=username;
   MyDataAdapter.SelectCommand.Parameters.Add(new
    SqlParameter("@ReturnStatus",SqlDbType.VarChar,200));
    MyDataAdapter.SelectCommand.Parameters["@ReturnStatus"].Direction=ParameterDirection.Output;

    //Create a new DataSet to hold the records.
    DataSet DS=new DataSet();
    //Fill the DataSet with the rows that are returned.
    MyDataAdapter.Fill(DS);

    MyDataAdapter.Dispose();//Dispose the DataAdapter.
    MyConnection.Close();//Close the connection.
    return DS;
}
public static string UpdateUserinfo(string username,string userPwd,string email,string gender,int age)
{
    SqlConnection MyConnection=new SqlConnection(url);
    MyConnection.Open();
    SqlCommand MyCommand=new SqlCommand();
    MyCommand.Connection=MyConnection;
    MyCommand.CommandType=CommandType.StoredProcedure;
    MyCommand.CommandText="userinfo_update";
```

```
            MyCommand.Parameters.Add(new SqlParameter("@username",
SqlDbType.VarChar,10));
            MyCommand.Parameters["@username"].Value=username;
            MyCommand.Parameters.Add(new SqlParameter("@userPwd",Sql-
DbType.VarChar,10));
            MyCommand.Parameters["@userPwd"].Value=userPwd;
            MyCommand.Parameters.Add(new SqlParameter("@email",Sql-
DbType.VarChar,50));
            MyCommand.Parameters["@email"].Value=email;
            MyCommand.Parameters.Add(new SqlParameter("@gender",Sql-
DbType.VarChar,10));
            MyCommand.Parameters["@gender"].Value=gender;
            MyCommand.Parameters.Add(new SqlParameter("@age",SqlDb-
Type.Int,4));
            MyCommand.Parameters["@age"].Value=age;

            MyCommand.Parameters.Add(new SqlParameter("@ReturnStatus",
SqlDbType.VarChar,100));
            MyCommand.Parameters["@ReturnStatus"].Direction=
            ParameterDirection.Output;
            MyCommand.ExecuteNonQuery();
            return(string)MyCommand.Parameters["@ReturnStatus"].Value;
        }
    }
}
```

6.4.3　前台页面

前台页面，首先通过用户名获取用户信息，通过基本控件显示出来，方便用户修改。用户修改后，单击【修改】按钮，实现修改操作，数据更新到数据库中。
对应的前台代码如下：

```
<%@ Page Language="C#" AutoEventWireup="true" CodeBehind="detail.
aspx.cs" Inherits="procedurecall.detail"%>

<!DOCTYPE html>

<html xmlns="http://www.w3.org/1999/xhtml">
<head runat="server">
```

```
    <meta http-equiv="Content-Type" content="text/html;charset=utf-8"/>
    <title></title>
</head>
<body>
    <form id="form1" runat="server">
    <div>
    用户名:<asp:Label ID="userName" runat="server"></asp:Label><br/>
    密码:<asp:TextBox ID="userPwd" runat="server"></asp:TextBox><br/>
    电子邮件:<asp:TextBox ID="email" runat="server"></asp:TextBox><br/>
    性别:男<asp:RadioButton ID="boy" runat="server" GroupName="gender"/>
         女<asp:RadioButton ID="girl" runat="server" GroupName="gender"/><br/>
    年龄<asp:TextBox ID="age" runat="server"></asp:TextBox><br/>
        <asp:Button ID="update" Text="修改" runat="server" OnClick="update_Click"/><br/>
        <asp:Button ID="go" Text="返回主页面" runat="server" OnClick="go_Click"/><br/>
    </div>
    </form>
</body>
</html>
```

在 Page_Load 中，将数据读取出来，在 update_Click 方法中，对数据进行修改。

对应的后台代码如下：

```
using System;
using System.Collections.Generic;
using System.Linq;
using System.Web;
using System.Web.UI;
using System.Web.UI.WebControls;

namespace procedurecall
```

```
{
    public partial class detail:System.Web.UI.Page
    {
        protected void Page_Load(object sender,EventArgs e)
        {
            if(!IsPostBack)
            {
                string username=Request.QueryString["username"];
                System.Data.DataSet ds1;

                ds1=DatabaseCalls.SelectUserByUsername(username);

                if(ds1 !=null)
                {
                    userName.Text=ds1.Tables["table"].Rows[0]["userName"].ToString();
                    userPwd.Text=ds1.Tables["table"].Rows[0]["userPwd"].ToString();
                    email.Text=ds1.Tables["table"].Rows[0]["email"].ToString();
                    if(ds1.Tables["table"].Rows[0]["gender"].ToString().Equals("男"))
                        boy.Checked=true;
                    else
                        girl.Checked=true;
                    age.Text=ds1.Tables["table"].Rows[0]["age"].ToString();
                }
            }

        }

        protected void update_Click(object sender,EventArgs e)
        {
            string gender="";
            if(boy.Checked)gender="男";
            else gender="女";
            string status=DatabaseCalls.UpdateUserinfo(userName.Text.ToString(),userPwd.Text.ToString(),email.Text.ToString(),gender,
                Convert.ToInt16(age.Text.ToString()));
```

```
            Response.Redirect("list.aspx");
        }
        protected void go_Click(object sender,EventArgs e)
        {
            Response.Redirect("list.aspx");
        }
    }
}
```

修改操作运行结果如图 6-3 所示。

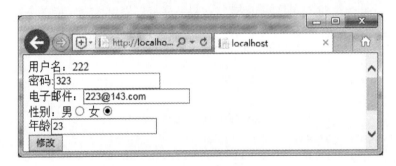

图 6-3　存储过程方式修改操作运行结果图

6.5　删 除 操 作

删除操作就是对已有的记录进行删除。

6.5.1　删除操作的存储过程

删除一般是根据主键信息进行操作的,因此存储过程输入参数是@username。存储过程代码如下:

```
Create procedure[dbo].[userinfo_delete]
@username varchar(10),
@ReturnStatus varchar(100)output
as

if(exists(select*from Userinfo where UserName=@username))
begin
   delete Userinfo
```

```
    where UserName=@username
    set @ReturnStatus='OK'
    return
end

if(not exists(select*from Userinfo where UserName=@username))
begin
    set @ReturnStatus='NO'
    return
end
```

6.5.2 调用存储过程的方法

通过 DeleteUserinfo 方法，来调用存储过程。
具体代码如下：

```
using System;
using System.Collections.Generic;
using System.Linq;
using System.Web;
using System.Configuration;
using System.Data.SqlClient;
using System.Data;
using System.Security.Cryptography;
using System.Text;
using System.IO;

namespace procedurecall
{
    public class DatabaseCalls
    {
        static string url="User ID=sa;Initial Catalog=WebSite;Data Source=localhost;Password=111";
        public static string DeleteUserinfo(string username)
        {
            SqlConnection MyConnection=new SqlConnection(url);
            MyConnection.Open();
            SqlCommand MyCommand=new SqlCommand();
            MyCommand.Connection=MyConnection;
            MyCommand.CommandType=CommandType.StoredProcedure;
```

```
            MyCommand.CommandText="userinfo_delete";
            MyCommand.Parameters.Add(new SqlParameter("@username",
SqlDbType.VarChar,10));
            MyCommand.Parameters["@username"].Value=username;

            MyCommand.Parameters.Add(new SqlParameter("@ReturnStatus",
SqlDbType.VarChar,100));
            MyCommand.Parameters["@ReturnStatus"].Direction=
            ParameterDirection.Output;
            MyCommand.ExecuteNonQuery();
            return(string)MyCommand.Parameters["@ReturnStatus"].Value;
        }
    }
}
```

6.5.3 前台页面

只需要修改页面的，添加如下的代码即可：

```
<asp:Button ID="Delete" Text="删除" runat="server" OnClick="delete_Click"/><br/>
```

在修改页面中添加如下代码即可：

```
protected void delete_Click(object sender,EventArgs e)
    {
        string status=DatabaseCalls.DeleteUserinfo(userName.Text.ToString());
        Response.Redirect("list.aspx");
    }
```

6.6 查询操作

查询主要是将结果绑定到 GridView 控件的过程。

6.6.1 查询操作的存储过程

这里的查询操作比较简单，是将结果全部查询出来。当然，读者可以根据需要，设计不同的方式进行查询。

```
Create procedure[dbo].[userinfo_select]
@ReturnStatus varchar(100)output
```

```
as
    select*from Userinfo

if(@@ROWCOUNT>=1)
begin
    set @ReturnStatus='OK'
    return
end
else
begin
    set @ReturnStatus='NO'
    return
end
```

6.6.2 调用存储过程的方法

通过 SelectUserinfo 方法调用存储过程。
具体代码如下:

```
using System;
using System.Collections.Generic;
using System.Linq;
using System.Web;
using System.Configuration;
using System.Data.SqlClient;
using System.Data;
using System.Security.Cryptography;
using System.Text;
using System.IO;

namespace procedurecall
{
    public class DatabaseCalls
    {
        static string url="User ID=sa;Initial Catalog=WebSite;Data Source=localhost;Password=111";
        public static DataSet SelectUserinfo()
        {
            SqlConnection MyConnection=new SqlConnection(url);
```

```
            //Create a DataAdapter,and then provide the name of the stored procedure.
            SqlDataAdapter MyDataAdapter=new SqlDataAdapter("userinfo_select",MyConnection);

            //Set the command type as StoredProcedure.
            MyDataAdapter.SelectCommand.CommandType=CommandType.StoredProcedure;

            MyDataAdapter.SelectCommand.Parameters.Add(new SqlParameter("@ReturnStatus",SqlDbType.VarChar,200));
            MyDataAdapter.SelectCommand.Parameters["@ReturnStatus"].Direction=ParameterDirection.Output;

            //Create a new DataSet to hold the records.
            DataSet DS=new DataSet();
            //Fill the DataSet with the rows that are returned.
            MyDataAdapter.Fill(DS);

            MyDataAdapter.Dispose();//Dispose the DataAdapter.
            MyConnection.Close();//Close the connection.
            return DS;
        }
    }
}
```

6.6.3 前台页面

前台页面主要是通过 GridView 控件，将数据展示出来。
前台页面代码如下：

```
<%@ Page Language="C#" AutoEventWireup="true" CodeBehind="list.aspx.cs" Inherits="procedurecall.WebForm1"%>
<!DOCTYPE html>
<html xmlns="http://www.w3.org/1999/xhtml">
<head runat="server">
<meta http-equiv="Content-Type" content="text/html;charset=utf-8"/>
    <title></title>
</head>
<body>
```

```
        <form id="form1" runat="server">
        <div>
        <a href="add.aspx">增加</a>
        <asp:GridView ID="GridView1" runat="server" AutoGenerateColumns="False">
            <Columns>
                <asp:hyperlinkfield
                    datanavigateurlfields="Username" HeaderText="用户名" DataTextField="UserName" ItemStyle-Width="100px"
                    datanavigateurlformatstring="~\detail.aspx?username={0}"
                    />
                <asp:BoundField DataField="userPwd" HeaderText="密码" ItemStyle-Width="100px"
                    HeaderStyle-HorizontalAlign="center" ItemStyle-HorizontalAlign="Center"/>
                <asp:BoundField DataField="Email" HeaderText="电子邮件" SortExpression="TransactionAmount" ItemStyle-Width="100px"
                    HeaderStyle-HorizontalAlign="center" ItemStyle-HorizontalAlign="Center"/>
                <asp:BoundField DataField="Gender" HeaderText="性别" SortExpression="doctorName" ItemStyle-Width="200px"
                    HeaderStyle-HorizontalAlign="center" ItemStyle-HorizontalAlign="Center"/>
                <asp:BoundField DataField="Age" HeaderText="年龄" SortExpression="doctorName" ItemStyle-Width="200px"
                    HeaderStyle-HorizontalAlign="center" ItemStyle-HorizontalAlign="Center"/>

            </Columns>
        </asp:GridView>
        </div>
        </form>
</body>
</html>
```

与前台页面对应的代码如下:

```
using System;
using System.Collections.Generic;
using System.Linq;
```

```
using System.Web;
using System.Web.UI;
using System.Web.UI.WebControls;

namespace procedurecall
{
    public partial class WebForm1:System.Web.UI.Page
    {
        protected void Page_Load(object sender,EventArgs e)
        {
            if(!Page.IsPostBack)
            {
                GridView1Databind();
            }
        }
        protected void GridView1Databind()
        {
            GridView1.DataSource=DatabaseCalls.SelectUserinfo();
            GridView1.DataBind();
        }
    }
}
```

查询操作运行结果如图 6-4 所示。

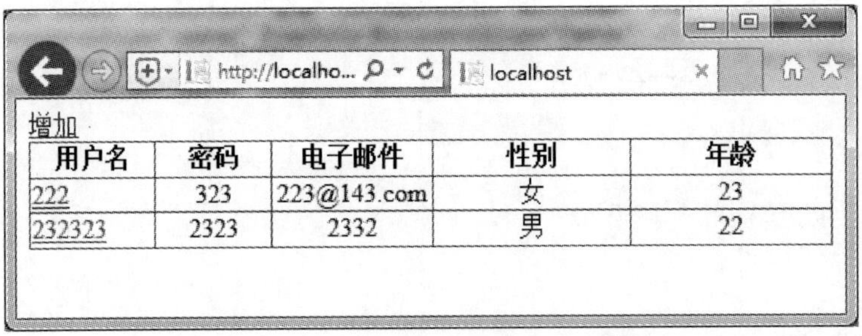
http://localho...
localhost
增加
用户名 密码 电子邮件 性别 年龄
222 323 223@143.com 女 23
232323 2323 2332 男 22

图 6-4　基于存储过程的查询操作运行结果图

第 7 章　Web Service 和 Ajax

7.1　Web Service 简介

Web Service 是一种可以接收从 Internet 或者 Intranet 上的其他系统中传递过来的请求，轻量级、独立的通信技术。Web Service 是以 XML 格式，通过 SOAP 协议，在 Web 上提供的软件（服务），使用 WSDL 文件进行（说明），并通过（UDDI）进行注册。

XML（extensible markup language）是扩展型可标记语言。面向短期的临时数据处理、面向万维网络，是 SOAP 协议的基础。

SOAP（simple object access protocol）是简单对象存取协议，是 Web Service 的通信协议。当用户通过 UDDI 找到你的 WSDL 描述文档后，它可以通过 SOAP 调用你建立的 Web 服务中的一个或多个操作。SOAP 是 XML 文档形式的调用方法规范，它可以支持不同的底层接口，像 HTTP（S）或者 SMTP。

WSDL（web services description language）是一个 XML 文档，用于说明一组 SOAP 消息以及如何交换这些消息。大多数情况下由软件自动生成和使用。

UDDI（universal description，discovery and integration）是一个主要针对 Web 服务供应商和使用者的新项目。在用户能够调用 Web 服务之前，必须确定这个服务内包含哪些方法，找到被调用的接口定义。UDDI 是一种根据描述文档来引导系统查找相应服务的机制。UDDI 利用 SOAP 消息机制（标准的 XML/HTTP）来发布、编辑、浏览以及查找注册信息。它采用 XML 格式来封装各种不同类型的数据，并且发送到注册中心或者由注册中心来返回需要的数据。

7.2　Web Service 实验

7.2.1　创建一个最简单的 Web Service

.NET Framework 平台内建立了对 Web Service 的支持，包括 Web Service 的构建和使用。与其他开发平台不同，使用.NET Framework 平台，不需要其他的工具或者 SDK 就可以完成 Web Service 的开发。.NET Framework 本身就全面支持 Web Service，包括服务器端的请求处理器和对客户端发送与接受 SOAP 消息的支持。

下面就一步一步地用 Microsoft Visual Studio（简称 VS）来创建和使用一个简单的 Web Service。

第一步：打开 VS，选择【文件】→【新建】→【网站】选项，选择【ASP.NET 空网站】。单击【确认】按钮，如图 7-1 所示。

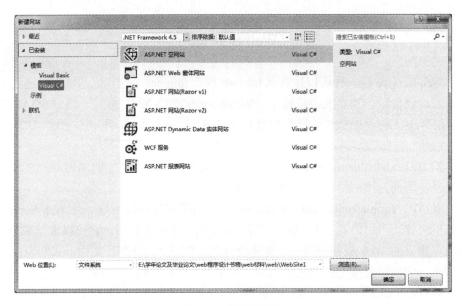

图 7-1　选择空网站

第二步：在生成的工程上选择【添加新项】选项，如图 7-2 所示。

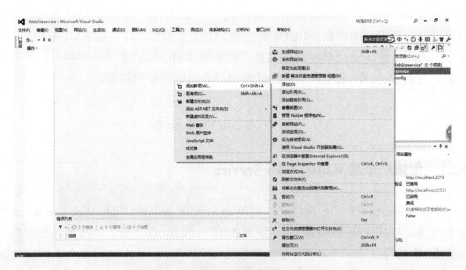

图 7-2　添加新项

在弹出的对话框中，选择【Web 服务】选项，单击【添加】按钮，如图 7-3 所示。一个新的 Web 服务文件就生成了。

图 7-3　选择 Web 服务

查看 WebService.cs 代码，你会发现 VS 已经为 Web Service 文件建立了缺省的框架。原始代码为：

```
using System;
using System.Collections.Generic;
using System.Linq;
using System.Web;
using System.Web.Services;

///<summary>
///WebService 的摘要说明
///</summary>
[WebService(Namespace="http://tempuri.org/")]
[WebServiceBinding(ConformsTo=WsiProfiles.BasicProfile1_1)]
//若要允许使用 ASP.NET Ajax 从脚本中调用此 Web 服务,请取消注释以下行。
//[System.Web.Script.Services.ScriptService]
public class WebService:System.Web.Services.WebService{
```

```
public WebService(){

    //如果使用设计的组件,请取消注释以下行
    //InitializeComponent();
}

[WebMethod]
public string HelloWorld(){
    return "Hello World";
}
}
```

在默认工程里面已经有一个 HelloWorld 方法了。选菜单栏上的【调试】→【开始执行(不调试)】选项,得到如图 7-4 所示的网页。

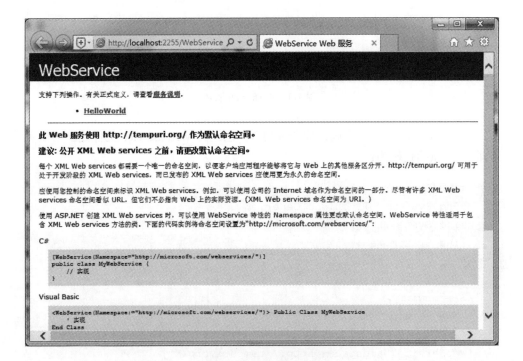

图 7-4　Web 服务运行界面

单击显示页面上的【HelloWorld】图标,跳转到下一页面,如图 7-5 所示。

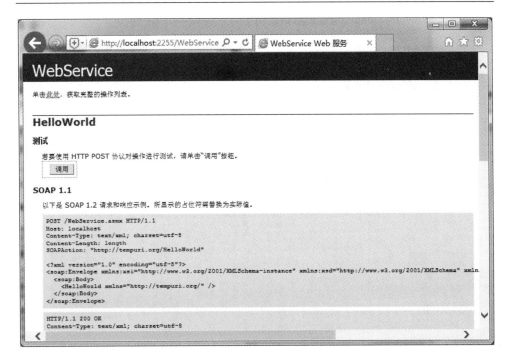

图 7-5　单击【Hello World】图标后的跳转页面

单击【调用】按钮，就可以看到用 XML 格式返回的 Web Service。这样就说明我们的 Web Service 环境没有问题。

7.2.2　创建带有功能的 Web Service

Web Service 是对外的接口，里面有函数可供外部客户调用（注意：里面同样有客户不可调用的函数）。假若我们是服务端，我们写好了一个 Web Service，然后把它给了客户（同时我们给了他们调用规则），客户就可以在从服务端获取信息时处于一个相对透明的状态，即客户不了解（也不需要了解）其过程，他们只获取数据。在代码文件里，如果我们写了一个函数后，希望此函数成为外部可调用的接口函数，我们必须在函数上面添上一行代码【WebMethod（Description="函数的描述信息"）】，如果你的函数没有这个声明，它将不能被用户引用。下面我们开始编写一个简单的 Web Service 的例子。

```
using System;
using System.Collections.Generic;
using System.Linq;
```

```csharp
using System.Web;
using System.Web.Services;

///<summary>
///WebService 的摘要说明
///</summary>
[WebService(Namespace="http://tempuri.org/")]
[WebServiceBinding(ConformsTo=WsiProfiles.BasicProfile1_1)]
//若要允许使用 ASP.NET Ajax 从脚本中调用此 Web 服务,请取消注释以下行。
//[System.Web.Script.Services.ScriptService]
public class WebService:System.Web.Services.WebService{

    public WebService(){

        //如果使用设计的组件,请取消注释以下行
        //InitializeComponent();
    }

    [WebMethod]
    public string HelloWorld(){
        return "Hello World";
    }

    [WebMethod(Description="求和的方法")]
    public double addition(double i,double j)
    {
        return i+j;
    }
    [WebMethod(Description="求差的方法")]
    public double subtract(double i,double j)
    {
        return i-j;
    }
    [WebMethod(Description="求积的方法")]
    public double multiplication(double i,double j)
    {
        return i*j;
    }
    [WebMethod(Description="求商的方法")]
    public double division(double i,double j)
```

```
    {
        if(j !=0)
            return i/j;
        else
            return 0;
    }
```

选择菜单栏上的【调试】→【开始执行(不调试)】选项，得到如图 7-6 所示的网页。

图 7-6　新开发一个 Web 服务运行界面

单击【addition】图标，进入 addition 方法的调用页(图 7-7)。

在参数上面输入参数 $i=1$，$j=2$，单击【调用】按钮，就可以看到用 XML 格式返回的 Web Service 结果(i 与 j 相加的结果)，如图 7-8 所示。

其实 Web Service 并不是那么神秘，它也不过只是个接口。对我们而言，侧重点就是接口函数的编写。

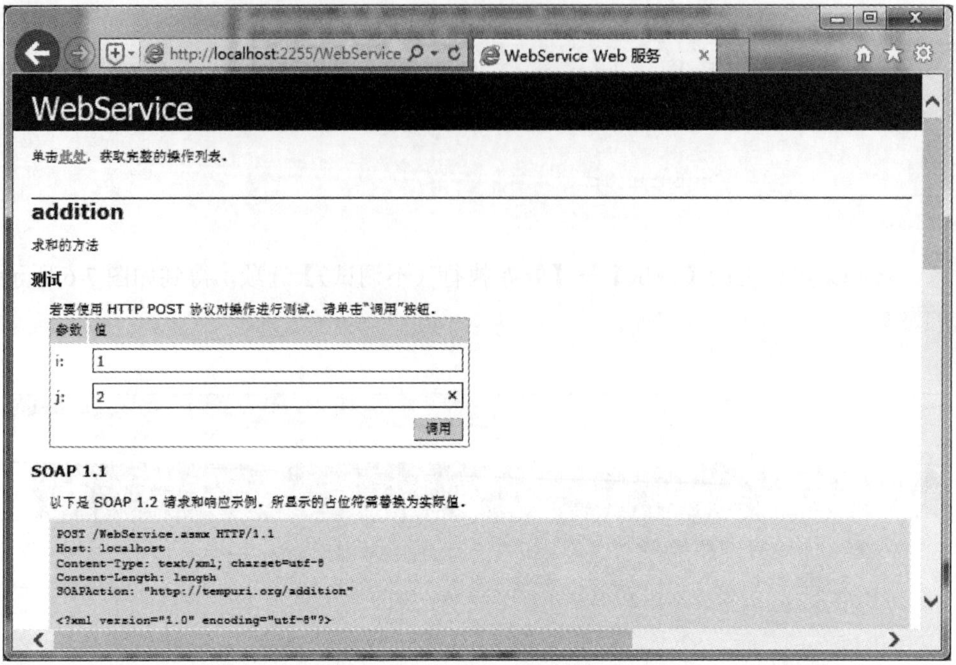

图 7-7　addition 方法的调用页面

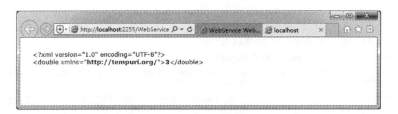

图 7-8　addition 方法调用返回的结果

由于 Web Service 只有处于运行状态，别的程序才能访问和调用，因此，为了方便起见，此时可以重新开启另外一个 VS，建立一个空网站。选好存储位置，进入默认页面。然后先添加 Web 引用，把 Web Service 引到当前的工程里面。具体方法如下：

第一步：在资源管理器中单击右键（图 7-9），选择【添加服务引用】选项，弹出如图 7-10 所示的对话框。

在图 7-10 的【地址（A）】中填入前面写好的 Web Service 运行后浏览器上面显示的地址（即 Web Service 发布后的访问地址），单击【转到】按钮，就会显示所引用的 Web Service 中可以调用的方法，然后点击【确认】按钮，就将 Web Service 引用到了当前的工程里面，当前的工程中会出现引进来的 Web Service 文件。

图7-9 单击右键的对话框

图7-10 弹出的对话框

练习调用 Web Service 的四个方法，做一个简单的调用例子。

先在网站的前台添加几个控件，代码如下：

```
<%@ Page Language="C#" AutoEventWireup="true" CodeFile="Default.aspx.cs" Inherits="_Default"%>

<!DOCTYPE html>

<html xmlns="http://www.w3.org/1999/xhtml">
<head runat="server">
<meta http-equiv="Content-Type" content="text/html;charset=utf-8"/>
    <title></title>
</head>
<body>
    <form id="form1" runat="server">
    <div>
    <asp:TextBox ID="Num1" runat="server"></asp:TextBox>
        <select id="selectOper" runat="server">
            <option>+</option>
            <option>-</option>
            <option>*</option>
            <option>/</option>
        </select>
            < asp:TextBox ID="Num2" runat="server" > < /asp:TextBox>
        <asp:Button ID="Button1" runat="server" Text="=" onclick="Button1_Click"/>
            < asp:TextBox ID="Result" runat="server" > < /asp:TextBox>

    </div>
    </form>
</body>
</html>
```

然后在后台写调用的代码，调用之前和使用其他对象一样，要先实例化。

后台代码如下：

```
using System;
using System.Collections.Generic;
```

```csharp
using System.Linq;
using System.Web;
using System.Web.UI;
using System.Web.UI.WebControls;

public partial class _Default:System.Web.UI.Page
{
    protected void Page_Load(object sender,EventArgs e)
    {

    }
    protected void Button1_Click(object sender,EventArgs e)
    {
        string selectFlag=selectOper.Value;
        MyService.WebServiceSoapClient webws=new MyService.WebServiceSoapClient();
        if(selectFlag.Equals("+"))
        {
            Result.Text=(webws.addition(double.Parse(Num1.Text),double.Parse(Num2.Text))).ToString();
        }
        else if(selectFlag.Equals("-"))
        {
            Result.Text=(webws.subtract(double.Parse(Num1.Text),double.Parse(Num2.Text))).ToString();
        }
        else if(selectFlag.Equals("*"))
        {
            Result.Text=(webws.multiplication(double.Parse(Num1.Text),double.Parse(Num2.Text))).ToString();
        }
        else if(selectFlag.Equals("/"))
        {
            Result.Text=(webws.division(double.Parse(Num1.Text),double.Parse(Num2.Text))).ToString();
        }
    }
}
```

到此一个简单的 Web Service 的开发和调用就完成了，测试结果如图 7-11 所示。在实际应用中可以根据自己的需要，写一些功能强大的，复杂的 Web Service，不管多么复杂，整个流程都是这样的。

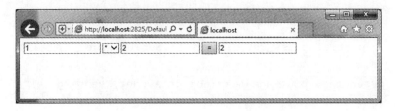

图 7-11　调用 Web Service 运行结果界面

由于 Web Service 的整个计算并不是在本地进行的，而是在 Web 服务端进行计算后将结果通过 XML 返还给调用方的，所以，在运行该程序的时候，Web Service 程序还必须启动，否则会报"无法连接到远程服务器"的异常，如图 7-12 所示。

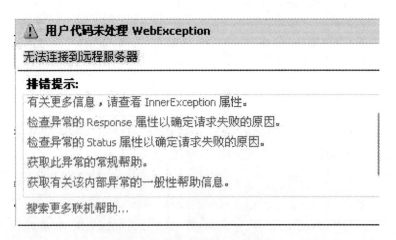

图 7-12　Web Service 调用异常

7.2.3　调用 Internet 上的 Web 服务

国内的 Web 服务基本以调用 http：//www.webxml.com.cn/网站提供的 Web 服务为例。

由于该网站已经调整了调用参数，很多的调用函数收费，因此，这里我们以其中天气中的一个 getRegionProvince 方法为例进行说明（注：绝大多数参考书中的 getWeatherByCityName 方法已经被该网站修改了），如图 7-13 所示。

图 7-13　http：//www.webxml.com.cn/上的 Web Service

选择【getRegionProvince】图标，可以得到如图 7-14 所示的界面。该文件的格式是一个典型的 XML 文件，给出了省份和对应的编号。

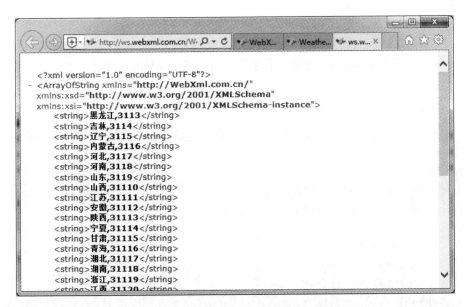

图 7-14　getRegionProvince 方法返回的结果

建立一个空的 ASP.NET 网站，在网站工程上添加服务引用，将该 Web 服务引入网站，并根据需要修改命名空间，如图 7-15 所示。

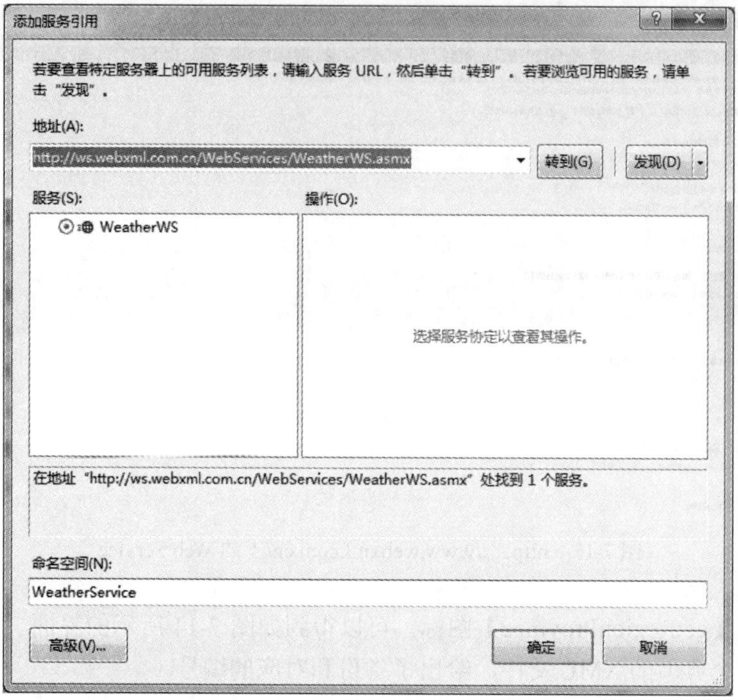

图 7-15 将 Internet 上的 Web Service 导入本地工程的界面

将该 Web Service 引入本地工程后，添加一个 ASP.NET 页面，对工程进行测试。要求是输入省份，得到省份的编号。

前台页面代码如下：

```
<%@ Page Language="C#" AutoEventWireup="true" CodeFile="Default2.aspx.cs" Inherits="Default2"%>

<!DOCTYPE html PUBLIC"-//W3C//DTD XHTML 1.0 Transitional//EN" "http://www.w3.org/TR/xhtml1/DTD/xhtml1-transitional.dtd">

<html xmlns="http://www.w3.org/1999/xhtml">
<head runat="server">
   <title></title>
</head>
<body>
   <form id="form1" runat="server">
   <div>
      省份：<asp:TextBox ID="province" runat="server">
```

```
        </asp:TextBox>
    编码  <asp:TextBox ID="code" runat="server">
        </asp:TextBox>

        <asp:Button ID="Button1" runat="server" onclick="Button1_Click" Text="获取编码"/>
    </div>
    </form>
</body>
</html>
```

后台代码如下:

```
using System;
using System.Collections.Generic;
using System.Linq;
using System.Web;
using System.Web.UI;
using System.Web.UI.WebControls;

public partial class Default2:System.Web.UI.Page
{
    protected void Page_Load(object sender,EventArgs e)
    {

    }
    protected void Button1_Click(object sender,EventArgs e)
    {
    WeatherService.WeatherWSSoapClient ws=new WeatherService.WeatherWSSoapClient();
        string[] xdoc=ws.getRegionProvince();
        int i=0,j=0;
        bool flag=true;
        string provincename;
        for(i=0;i<xdoc.Length;i++)
        {
            j=xdoc[i].IndexOf(",");
            provincename=xdoc[i].Substring(0,j);
            if(province.Text.Trim().Equals(provincename))
            {
```

```
                code.Text=xdoc[i].Substring(j+1,xdoc[i].Length-j-1);
                flag=false;
                break;
            }
        }
        if(flag)
            code.Text="查找失败";
        }
    }
}
```

启动网站，进行测试，运行结果如图 7-16 所示。

图 7-16 网站运行界面

输入一个省份，如吉林，单击【获取编码】按钮，得到如图 7-17 所示报错的界面。

图 7-17 Web Service 调用失败

直接将图 7-17 中"无法加载……"这句话复制到百度进行搜索，原来是 Web.xml 里有 2 个终结点配置文件，这可能是 VS 工程的一个 bug。

```
    <endpoint address="http://ws.webxml.com.cn/WebServices/WeatherWS.asmx"
                binding="basicHttpBinding" bindingConfiguration="WeatherWSSoap"
                contract="WeatherService.WeatherWSSoap" name="WeatherWSSoap"/>
    <endpoint address="http://ws.webxml.com.cn/WebServices/WeatherWS.asmx"
                binding="customBinding" bindingConfiguration="WeatherWSSoap12"
                contract="WeatherService.WeatherWSSoap" name="WeatherWSSoap12"/>
```

删除其中一个，再次运行代码，得到如图 7-18 所示的界面。测试显示，当前代码完全正确。

图 7-18　再次运行网站界面

7.3　基于 Ajax 的调用模式

7.3.1　Ajax 原理

Ajax 通过异步数据交换和处理，可以显著提高 Web 应用程序的运行效率，给 Web 开发者带来了新的希望。

Ajax 的工作原理相当于在用户和服务器之间加了一个中间层——Ajax 引擎，使用户操作与服务器响应异步化。并不是所有的用户请求都提交给服务器，像一些数据验证和简单的数据处理等都交给 Ajax 引擎自己来做，只有确定需要从服务器读取新数据时再由 Ajax 引擎代为向服务器提交请求。

传统的 Web 应用允许客户端填写表单，当提交表单时就向 Web 服务器发送一个请求。服务器接收并传递传来的表单，然后送回一个新的网页，但这个做法浪费了许多带宽，因为在前后两个页面中的大部分 HTML 码往往是相同的。由于每次应用的沟通都需要向服务器发送请求,应用的响应时间就依赖于服务器的响应时间,这导致了用户界面的响应比本机应用慢得多。

与此不同,基于 Ajax 框架的应用可以仅向服务器发送并取回必需的数据,它使用 SOAP 或其他一些基于 XML 的页面服务接口,并在客户端采用 JavaScript 处理来自服务器的回应。因为在服务器和浏览器之间交换的数据大量减少(大约只有原来的 5%),我们就能看到服务器更快的响应应用结果。同时,很多的处理工作可以在发出请求的客户端机器上完成,所以 Web 服务器的处理时间也减少了。

Ajax 基于下列核心技术:

(1) XHTML:对应 W3C 的 XHTML 规范,目前是 XHTML1.0。
(2) CSS:对应 W3C 的 CSS 规范,目前是 CSS2.0。
(3) DOM:这里的 DOM 主要是指 HTML DOM。
(4) JavaScript:对应于 ECMA 的 ECMAScript 规范。
(5) XML:对应 W3C 的 XML DOM、XSLT、XPath 等规范。
(6) XMLHttpRequest:对应 WHATWG(web hypertext application technology working group)的 Web Applications1.0 规范的一部分。

单纯基于 JavaScript 开发 Ajax 工程,难度稍大,特别是对于 JavaScript 掌握不够好的同学。而基于.NET Framework,就相对简单多了。

7.3.2 基于.NET Framework 的 Ajax 实验

基于.NET Framework 的 Ajax 实现方式很简单,主要是通过 ScriptManager 控件实现的。它是管理支持 Ajax 的 ASP.NET 网页的客户端脚本。以 7.2.3 小节的调用 Web Service 为例,通过 Ajax 方式来实现。

前台代码如下:

```
<%@ Page Language="C#" AutoEventWireup="true" CodeFile="Default.aspx.cs" Inherits="_Default"%>

<!DOCTYPE html PUBLIC"-//W3C//DTD XHTML 1.0 Transitional//EN" "http://www.w3.org/TR/xhtml1/DTD/xhtml1-transitional.dtd">

<html xmlns="http://www.w3.org/1999/xhtml">
<head runat="server">
    <title></title>
</head>
<body>
```

```
        <form id="form1" runat="server">
        <div>
        <asp:ScriptManager ID="ScriptManager1" runat="server">
        </asp:ScriptManager>
        <asp:UpdatePanel ID="UpdatePanel1" runat="server">
        <ContentTemplate>
        省份:<asp:TextBox ID="province" runat="server">
            </asp:TextBox>
        编码  <asp:TextBox ID="code" runat="server">
            </asp:TextBox>

            <asp:Button ID="Button1" runat="server" onclick="Button1_
Click" Text="获取编码"/>
        </ContentTemplate>
        </asp:UpdatePanel>
        </div>
        </form>
    </body>
    </html>
```

后台代码与 7.2.3 小节一样。

第 8 章 企业进销存管理系统研究与设计

8.1 研究目的与意义

随着我国计算机产业的不断完善和发展,信息化对社会发展的影响变得越来越大,处处改变着人们的生活和社会经济。由于信息技术的不断成熟,企业不断认识到信息化给企业管理带来的益处。在企业竞争日益激烈的背景下,基本上具有竞争优势的企业都淘汰了传统的纸质化流程,而采用信息化管理技术。企业信息化实际上就是以信息技术为依据,将信息系统网络加工,产生有用的信息,提供给企业帮助做出最优的决策,进而优化了企业的生产经营流程,实现了经济利益的提高。信息化带来的好处很多,可以加快企业的管理进度,减少在运营上花费的资金,并且还可以通过 Internet 实现企业各分支部门之间的系统管理,将企业的"人""财""物"管理进行有效的组织、计划和实施,保证信息流的及时性、关联性和一致性,终结了信息滞后的传统纸质化管理时代。

如今,许多行业的商品库存管理已经进入了信息化管理模式,打破了传统意义上的进销存人力管理模式。采用信息化管理模式管理商品基础信息、库存以及销售采购流程,大大减少了数据的流通环节,使企业的进销存管理变得快捷高效。通过该系统,企业内部的库存和销售情况清晰可查,可以及时把企业数据转化为企业信息,进而为企业决策提供依据。

本系统以中小型企业的商品管理为背景,结合目前企业的实际需求,开发一套适用性强的管理系统,解决中小企业管理成本大、需求大的困境。目标系统可以提升企业的信息化水平,优化企业的管理状况。进销存业务应当具有实时性,对于商品的进、出有严格的记录,另外由于系统的使用者包括企业管理者、销售员、采购员、库管员等,这些人操作信息系统的能力普遍偏低,因此要求系统的操作友好。考虑以上因素,目标系统采用友好的用户界面,数据处理过程反应快速,能够满足中小企业对于商品进销存管理软件的需求。

8.2 系 统 分 析

8.2.1 可行性分析

可行性分析(feasibility analysis)也称为可行性研究,它指的是基于实际调研的情况，分析要研发的系统是否具备了研发的可能性和必须性，然后对要研发的系统进行技术、经济和社会等多个方面的研究和分析，从而拒绝错误的投资决策，以确保新系统开发的成功。可行性分析的意义在于分析问题是否能在最少的时间内，用最少的代价得以解决。

企业主要是根据销售部门的销售数据，采购部门结合产品库存，决定是否进行采购。本系统将采购、销售、库存管理集为一体，用计算机管理各部门数据，使得在各个环节减少了误差，提高效率。本系统主要从以下三个方向进行可行性分析。

1）经济可行性

传统企业的手工管理方法具有低效率、出错率高、管理成本大等缺点，使用先进的信息技术已经成为企业管理中的主流方法，提高了企业的信息化程度，实现了企业内部的资源共享。

2）技术可行性

本系统的开发语言使用.NET Framework，后台数据库为 MySQL，开发工具为 VS，服务器采用 IIS，以上所采用的技术都是现在比较成熟稳定的，因此在技术上是完全可行的。

3）社会可行性

本系统可以帮助企业实现信息化管理，能够大大减少管理成本，提升企业的市场竞争力，满足企业的管理需求。

总而言之，这套系统无论在经济上、技术上和社会上都是可行的。

8.2.2 需求分析

系统需求分析主要是根据用户新开发的信息管理系统的需求和要求，加上组织的目标要求、实力、目前现状和科学技术等因素，通过透彻、详细的分析，确定合理、可行、有效的信息系统需求，并通过一定形式来规范描述需求的过程。在研究系统需求时，将系统抽象成一个模型，模型以一种简单、正确、精准、清晰的方式系统地描述软件需求。面向数据流的结构化分析方法，是将数据流作为中心建立软件的分析模型和设计模型。采用自顶向下逐层分解的思想进行分析建模，充分显示了两大原则——分解和抽象。伴随着分解层次的增加，抽象的程度越来越低，就越接近现实问题的解决方法。

1. 数据流图

数据流图（data flow diagram，DFD）是以一种易于用户理解的方式，表达系统的数据流程。这种图形工具抛弃了系统的物理内容，精准地表达系统逻辑上的结构、数据流入、数据流出和数据存储过程，因此本书采用这种工具来描述系统需求。

本目标系统需要对商品的采购、销售、库存进行系统化管理，对每一次的进货、销货、存货需要有严格的记录。主要的功能需求包括用户身份验证、商品信息管理、采购记录、销售记录、库存记录、利润分析。系统顶层数据流图如图 8-1 所示。

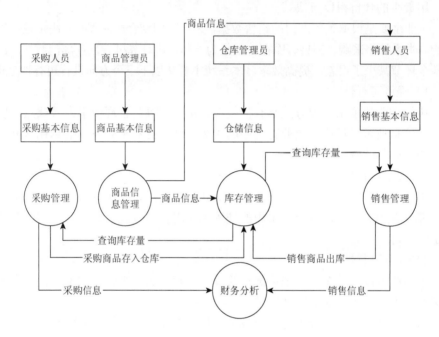

图 8-1　系统顶层数据流图

1）商品基本信息管理

由于企业内部会存在种类繁多的商品，给商品设置统一规则的编号可以使管理工作清晰明了，同时此模块也记录了商品的其他相关信息。此模块功能包括对商品基本信息的查询、修改、删除，以及向商品库中添加新的商品信息。

2）采购管理

此模块主要功能包括对商品采购单的查询、修改、新增功能，记录每笔采购行为的数量、采购人员、采购时间等信息，给财务分析提供数据基础。采购管理数据流图如图 8-2 所示。

3）销售管理

此模块的主要功能包括对商品销售单的查询、修改、新增功能，记录每笔销售行为的数量、采购人员、采购时间等信息。销售管理数据流图如图 8-3 所示。

4）库存管理

此模块包括对商品库存数量的查询、盘点，给销售人员和库存人员提供商品库存信息。库存管理数据流图如图 8-4 所示。

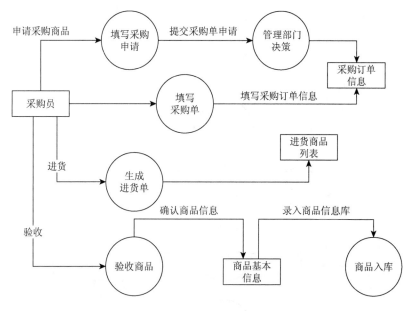

图 8-2 采购管理数据流图

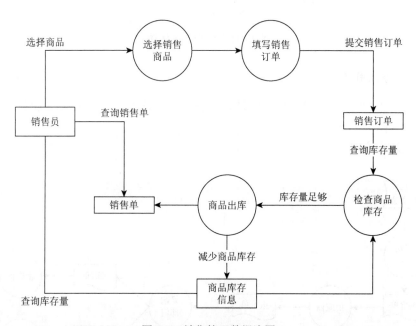

图 8-3 销售管理数据流图

5）利润分析

此模块的功能主要是提供用户在选定时间内，商品销售的利润情况分析。

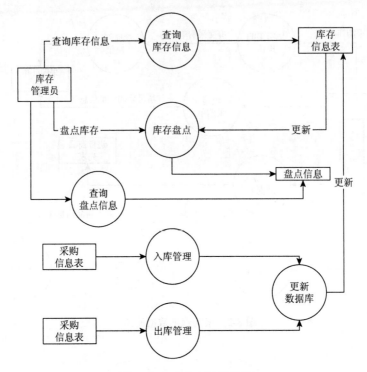

图 8-4 库存管理数据流图

2. 业务流程图

本系统的业务主要包括采购管理、销售管理、库存管理，具体的业务流程图如图 8-5～图 8-7 所示。

1）采购管理

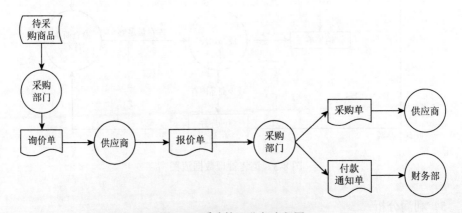

图 8-5 采购管理业务流程图

2）销售管理

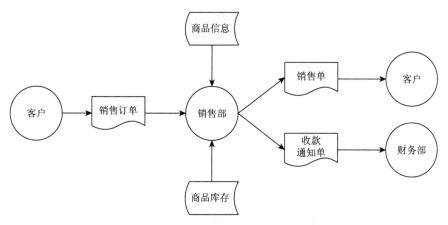

图 8-6 销售管理业务流程图

3）库存管理

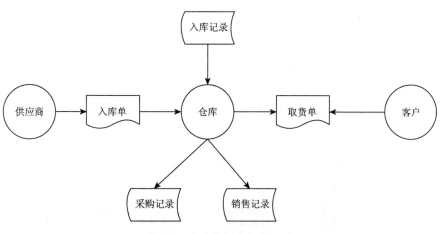

图 8-7 库存管理业务流程图

8.3 系统设计

8.3.1 系统结构

B/S（Browser/Server）结构就是利用不断改进的 WWW 浏览器技术，加之多种脚本语言，使用通用 Browser 展现很丰富的功能，这些功能以前需要复杂的专用软件才能实现，因此节省了开发支出。

B/S 结构的工作流程是，采用 Web 服务器为整体结构的中心，把应用程序发布在 Web 服务器的网页上。当用户访问某个应用程序时,需要在浏览器的地址栏中输入某应用程序的访问网址,浏览器会将用户行为转换成 HTTP 的形式,向服务器提出请求,要求获取数据库的数据。数据库收到访问请求后,首先对合法性进行检验,验证合法后将数据集继续发送给 Web 服务器。Web 服务器将数据库返回的结果转化成 HTML 形式,并发送给 Browser,Browser 用一种用户可读的形式表现出来。

在 B/S 结构中,数据的获取、网页的产生、数据库的请求和应用程序的执行全部由 Web 服务器实现。当企业对网络的应用进行升级时,仅需在服务器端进行更新就可以,在很大程度上弥补了 C/S 结构的"大客户端"缺陷。在运行程序时,用户只使用一个 Browser 就可完全实现系统的功能,实现了"0 客户端"的运作模式。

三层 B/S 体系中,最顶层通常指客户端的浏览器,负责处理用户的输入输出;中间层负责处理业务的逻辑结构,将处理结果返回最顶层;底层封装了许多小的数据方法,给业务逻辑层提供调用。

8.3.2 总体结构设计

根据对企业相关业务流程的需求分析结果,将目标系统主要分为六大功能模块,把每个模块组织成良好的层次系统,下层模块被上层模块调用,下层模块再调用其下层的模块,以此类推,最下层的模块完成具体的功能,从而完成程序的每个功能,实现一个完整的目标系统,如图 8-8 所示。

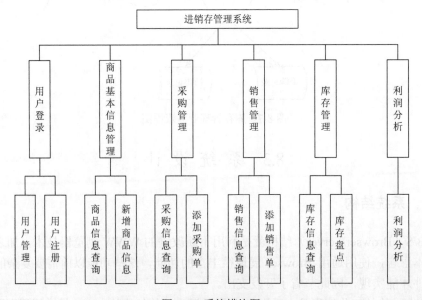

图 8-8 系统模块图

8.3.3 功能模块设计

1. 用户登录模块

系统管理员将用户注册信息添加到系统中，用户根据管理员提供的账号密码进行首次登录，进入系统之后用户可以更改自己的登录密码。用户在浏览器中输入登录页的网址，输入登录名和密码，系统进行校验，校验成功后，成功进入系统，用户的登录功能活动图如图 8-9 所示。

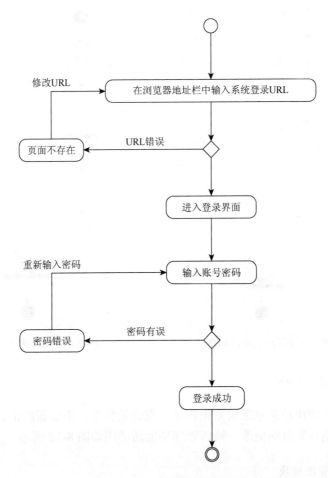

图 8-9 用户的登录功能活动图

2. 商品基本信息管理模块

此模块提供商品的基本信息管理功能，包括向商品库中新增商品、删除商品库中已有的信息、更新商品基本信息，商品管理功能活动图如图 8-10 所示。

3. 采购管理模块

采购管理模块是对采购流程的管理，将系统的每一次采购活动行为进行记录，功能包括根据采购单号查询、添加新的采购单、采购单已有采购单中商品采购数量的更改，采购管理功能活动图如图 8-11 所示。

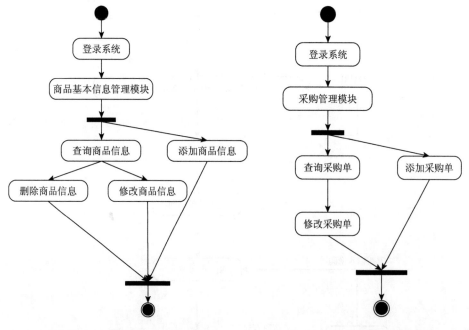

图 8-10　商品管理功能活动图　　图 8-11　采购管理功能活动图

4. 销售管理模块

销售管理模块功能包括根据销售单号查询销售单、添加新的销售单、已有销售单中商品销售数量的更改，销售管理功能活动图如图 8-12 所示。

5. 库存管理模块

库存管理模块功能包括根据商品编号查询商品库存量和仓库号、对实际商品库存量的盘点、每次盘点库存的分析，库存管理功能活动图如图 8-13 所示。

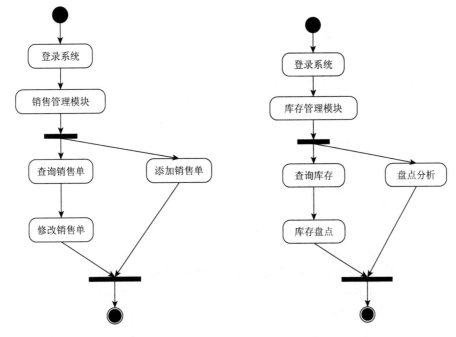

图 8-12 销售管理功能活动图　　图 8-13 库存管理功能活动图

8.4 数据库设计

良好的数据库设计可以使数据的管理和存储高效进行，创建一个好的逻辑模型和物理模式可以完成系统对数据库的要求，包括数据操纵和信息管理。

8.4.1 数据库需求分析

需求分析就是深入了解目标使用者的需求，是整个设计工作的开端，分析得出的结论对后面的工作影响很大，所以这项工作的重要性很高。需求分析的重点是了解目标用户背景、获取各部门的业务边界、给被了解者得出的具体需求提供参考帮助，整理目标系统需要的功能。

依据获取的需求了解，总结出如下的数据库信息并设计如下所示的原始数据库模型：

用户信息：编号、性别、登录名、联系方式、姓名、登录密码等。
部门信息：编号、部门名称。
商品信息：编号、商品名称、生产日期、保质期、供应商。

采购信息：编号、商品名称、采购人员、数量、价格、采购日期。
销售信息：编号、商品名称、销售人员、数量、价格、销售日期。
供应商信息：编号、名称、地址、联系方式。
库存信息：编号、商品名称、数量。
仓库信息：编号、地址。

8.4.2 数据库概念设计

数据库概念设计是在需求分析之后进行的工作，依照上面分析中的系统要求对目标用户需要加以分析、聚类和概括，建立系统原型，并根据为目标管理信息系统软件选定的数据库，将数据转换成数据的逻辑结构，再依照数据库环境，最终实现数据的最优存储。

概念结构设计最著名、最常用的方法是 P.P.S Chen 于 1976 年提出的实体-联系方法（entity-relationship approach，E-R）。它将现实世界的信息转换成抽象的模型，采用 E-R 模型将抽象的模型作为实体、属性以及之间的联系来描述。

将上文分析得到的目标用户需求具体成概念模型，在满足对数据的处理需求的前提下，得出系统 E-R 图，如图 8-14 所示。

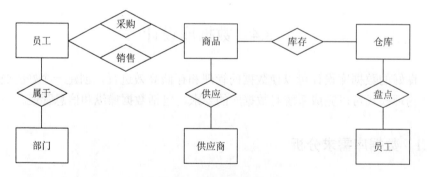

图 8-14 系统 E-R 图

8.4.3 数据库逻辑设计

数据库逻辑结构设计是通过概念设计得到数据模型，继续进行数据原型设计，得到关系模型图。E-R 方法是用概念模型这种方式，描述信息世界，但应用在计算机上却不合适，逻辑结构设计就是将概念设计模型变成关系模型，将系统数据库命名为 jxc，其中包含了 9 张表，表 8-1～表 8-9 列出了 9 张表的详细结构。

表 8-1 用户信息表

字段名	数据类型	是否为空	是否主外键	描述
p_id	bigint（20）	否	是	用户 id，系统自增
pk_id	bigint（20）	是	是	用户职位 id
p_name	varchar（20）	是	否	用户姓名
p_age	int（11）	是	否	用户年龄
p_sex	char（5）	是	否	性别
p_phoneno	varchar（15）	是	否	电话号码
p_username	varchar（20）	是	否	登录名
p_pwd	varchar（20）	是	否	登录密码

表 8-2 商品信息表

字段名	数据类型	是否为空	是否主外键	描述
g_id	bigint（20）	否	是	商品 id，系统自增
su_id	bigint（20）	是	是	供应商 id
g_name	varchar（30）	是	否	商品名称
g_price	float	是	否	商品价格
g_pdate	date	是	否	采购日期
g_qdate	char（10）	是	否	保质期

表 8-3 采购信息表

字段名	数据类型	是否为空	是否主外键	描述
o_id	bigint（20）	否	是	采购单 id，系统自增
g_id	bigint（20）	是	是	采购商品 id
p_id	bigint（20）	是	是	采购人员 id
o_count	bigint（20）	是	否	采购数量
o_price	float	是	否	采购价格
o_date	datetime	是	否	采购日期

表 8-4 销售信息表

字段名	数据类型	是否为空	是否主外键	描述
se_id	bigint（20）	否	是	销售单 id，系统自增
g_id	bigint（20）	是	是	销售商品 id
p_id	bigint（20）	是	是	销售人员 id
se_count	bigint（20）	是	否	销售数量
se_price	float	是	否	销售价格
se_date	datetime	是	否	销售日期

表 8-5 供应商信息表

字段名	数据类型	是否为空	是否主外键	描述
su_id	bigint（20）	否	是	供应商 id
su_address	varchar（30）	是	否	供应商厂家地址
su_phoneno	varchar（15）	是	否	供应商联系电话
su_name	varchar（20）	是	否	供应商名称

表 8-6 库存信息表

字段名	数据类型	是否为空	是否主外键	描述
s_id	bigint（20）	否	是	库存 id，系统自增
g_id	bigint（20）	是	是	库存商品 id
s_count	bigint（20）	是	否	库存数量
store_id	bigint（20）	是	是	所在仓库 id

表 8-7 仓库信息表

字段名	数据类型	是否为空	是否主外键	描述
store_id	bigint（20）	否	是	仓库 id
store_add	char（50）	是	否	仓库地址
store_update	date	是	否	入库日期
store_owner	char（50）	是	否	仓库所属地

表 8-8 盘点信息表的结构

字段名	数据类型	是否为空	是否主外键	描述
c_id	bigint（20）	否	是	盘点 id
g_id	bigint（20）	是	否	盘点商品 id
c_date	datetime	是	否	盘点日期
c_check	bigint（20）	是	否	盘点商品数量

表 8-9 部门信息表

字段名	数据类型	是否为空	是否主外键	描述
pk_id	bigint（20）	否	是	部门 id
pk_post	vachar（30）	是	否	部门名称

8.5 系统实现

8.5.1 用户登录界面实现

用户在浏览器中输入地址后,可以打开本系统,首先进入的是系统登录界面,通过验证的用户名和密码才能登录系统,登录界面如图 8-15 所示。

图 8-15 登录界面

8.5.2 系统主界面

本系统的设计主要采用上下结构,上部分是系统的菜单导航栏,左侧是常用快捷功能列,清晰简洁,方便用户操作,系统主界面美观简洁大方,如图 8-16 所示。

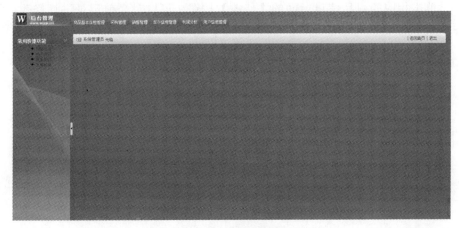

图 8-16 系统主界面

8.5.3 商品基本信息管理

商品信息管理模块包括两部分。

一是对商品库中已有商品的信息查询。用户查询方式是通过商品编号。商品信息查询结果显示的商品详细信息表单包括商品编号、商品名称等详细信息，如图 8-17 所示。在商品编号栏中输入所需查询的商品编号，单击【查询】，显示查询结果，如图 8-18 所示。

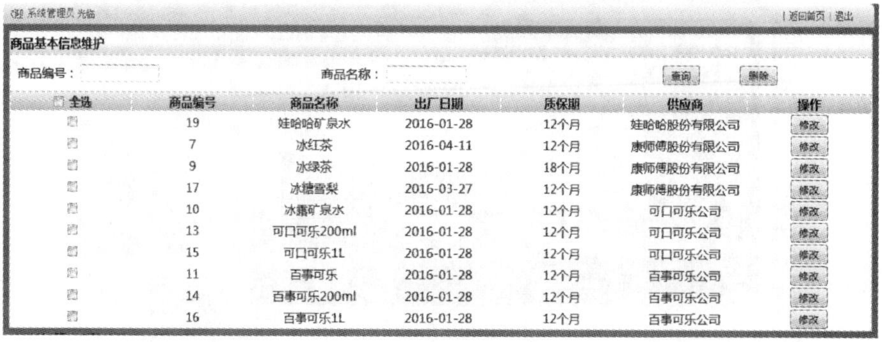

图 8-17 商品信息查询页面

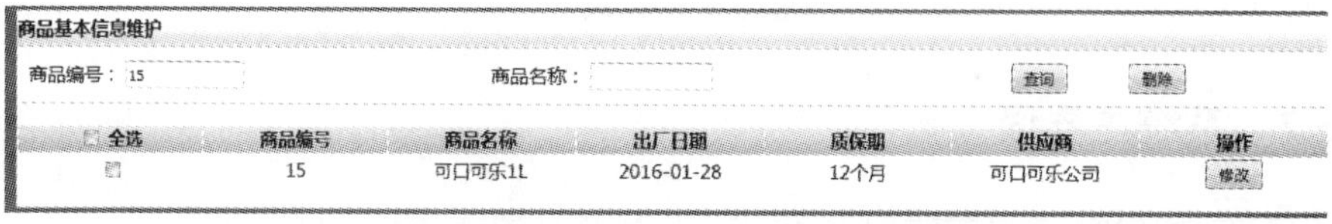

图 8-18 商品信息查询结果

单击相应的商品信息后面的【修改】按钮，可以对当前记录进行修改，如图 8-19 所示。

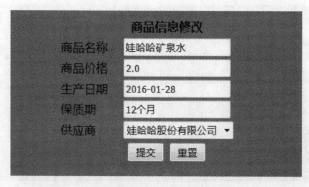

图 8-19 修改商品信息

二是添加新的商品信息到商品库中。用户添加新的商品到商品库中，需要录入商品的具体信息，提交之前系统会对录入信息进行校验，未按规定填写的，系统会弹出提示信息，检验成功方可成功添加商品，如图 8-20 所示。

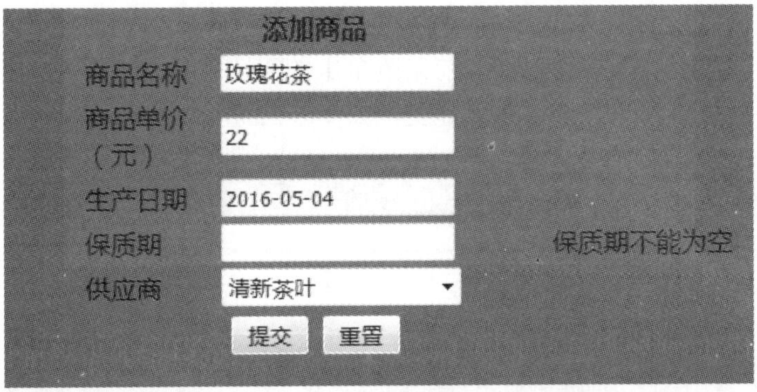

图 8-20　新增商品

在供应商一栏，系统自动加载后台数据库中的所有供应商信息，用户直接进行选择即可，如图 8-21 所示。

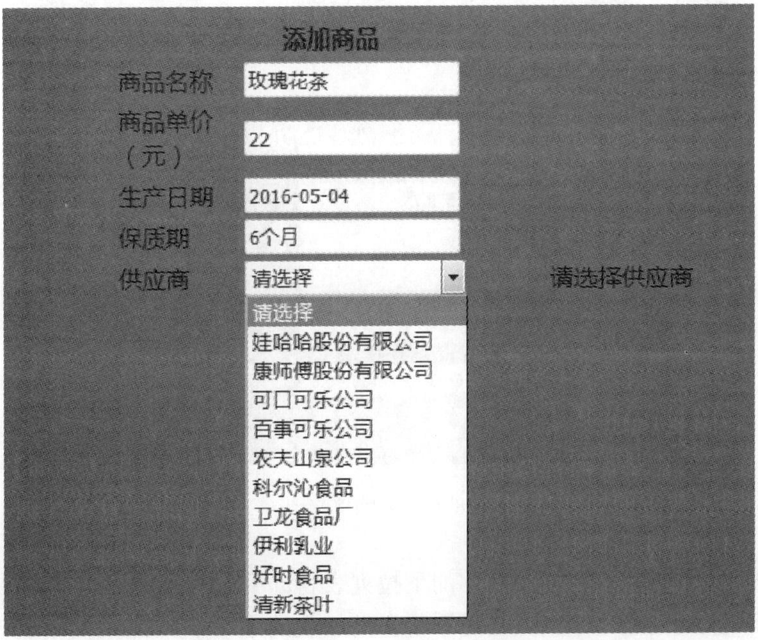

图 8-21　供应商选择

8.5.4 采购管理

采购管理模块包括查询历史信息和添加新的采购单。用户可以根据采购编号查询采购单，查询出来的采购详情表单包括编号、采购商品、时间、数量等，单击每列的【修改】按钮，可以对当前采购单中的采购数量进行更改，其他信息则不可更改，经过验证后，可以重新提交，如图 8-22 和 8-23 所示。

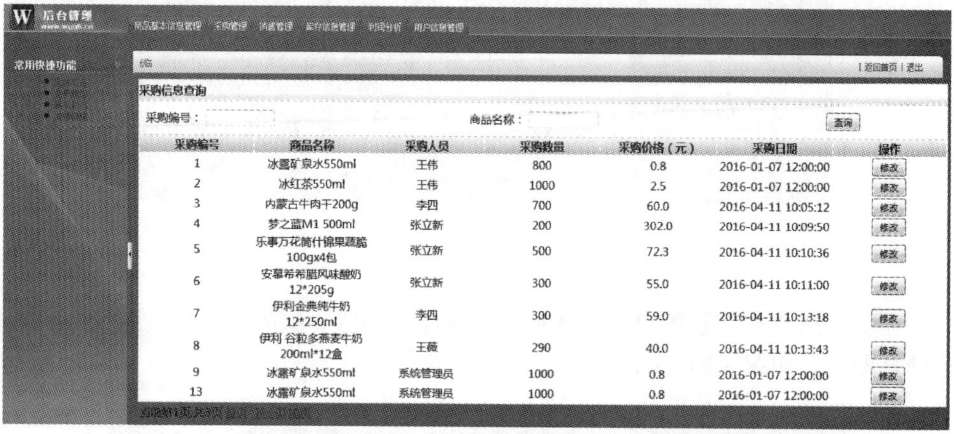

图 8-22　采购信息查询

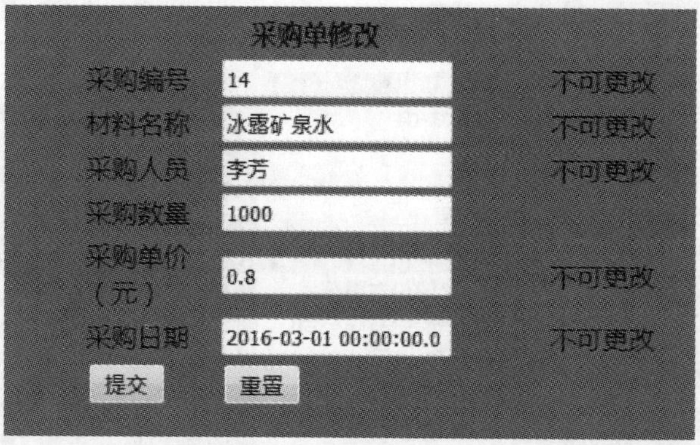

图 8-23　采购单修改

添加采购单时，选择商品名称的下拉列表自动列出商品库中全部商品，可以直接选择所采购商品，采购人员是系统自动加载的采购部人员，采购时间是自动生成的添加采购单的时间，用户不可以更改，单击【采购】按钮即生成采购单，如图 8-24 和 8-25 所示。

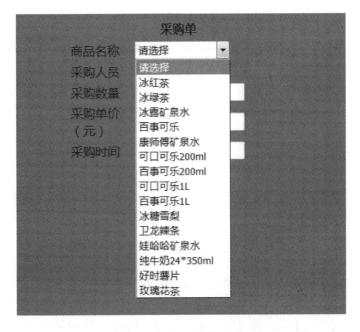

图 8-24 添加采购单明细 1

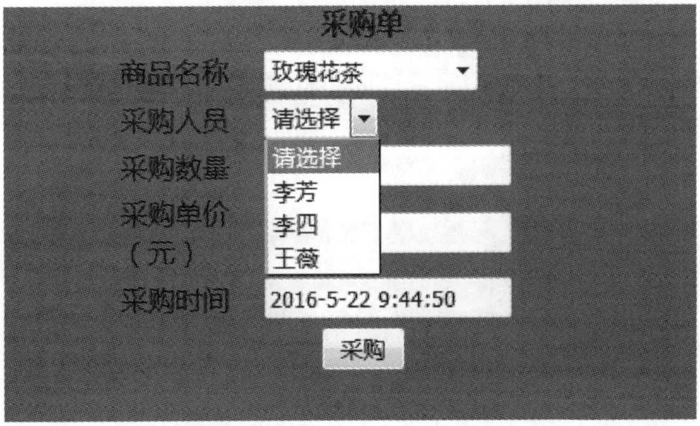

图 8-25 添加采购单明细 2

8.5.5 销售管理

销售管理模块包含历史信息查询和添加销售单。用户可以根据销售单号查询销售单，查询表单结果包括销售的详细信息，单击每列的【修改】按钮，可以对当前销售单中的销售数量进行更改，其他信息则不可更改，经过验证后，可以重新提交，如图 8-26 所示。

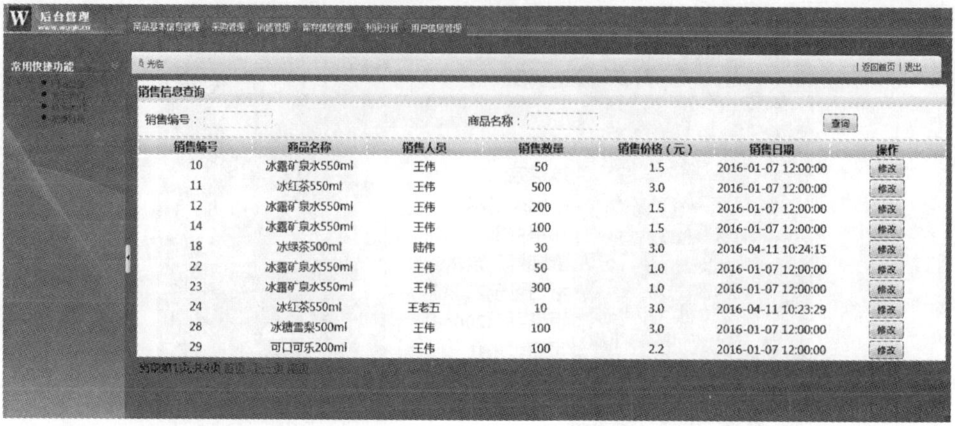

图 8-26 销售信息查询

添加销售单时，选择商品名称时自动加载出商品库中全部商品，可以直接选择所销售商品，销售时间是自动生成的添加销售单的时间，不需要用户输入也不可更改，单击【销售】按钮即成功生成销售单，如图 8-27 所示。

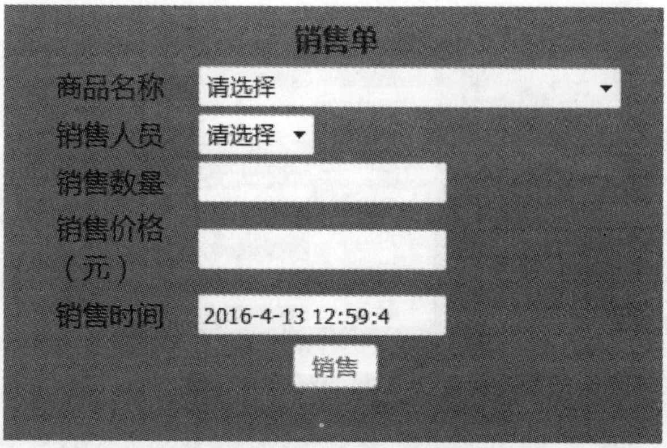

图 8-27 添加销售单

8.5.6 库存管理

商品库存表单是对商品库存量的记录，库存盘点可以对商品实有库存数量清点，以确实掌握该期间内的货品状况，加强管理仓储货品的收发结存，如图 8-28 所示。单击【盘点】按钮（图 8-29），可以对当前账面记录的库存情况和实际库存量进行盘点，形成分析报告，可以让用户了解固定时间段内的盘亏盘盈情况，如图 8-30 所示。

库存编号	商品编号	商品名称	库存数量	仓库编号	操作
6	7	冰红茶550ml	1250	2504	盘点
7	9	冰绿茶500ml	580	2504	盘点
15	10	可口可乐500ml	499	52304	盘点
10	11	百事可乐500ml	90	52303	盘点
14	12	康师傅矿泉水500ml	600	51701	盘点
9	13	可口可乐200ml	1	51601	盘点
11	14	百事可乐200ml	949	52302	盘点
12	15	可口可乐1L	600	52305	盘点
13	16	百事可乐1L	799	52305	盘点
8	17	冰糖雪梨500ml	890	51601	盘点

图 8-28　库存管理查询

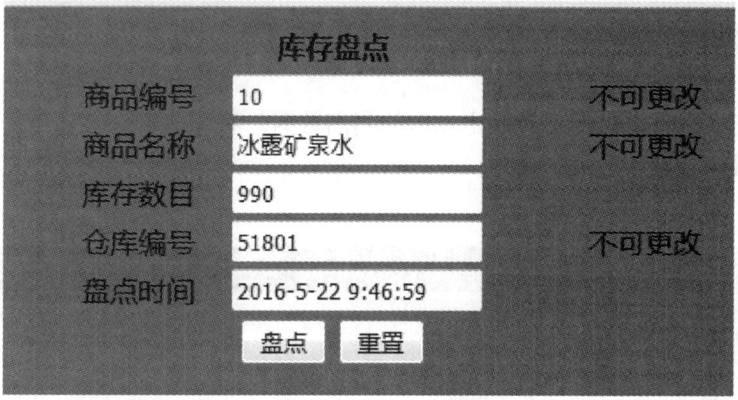

图 8-29　库存盘点

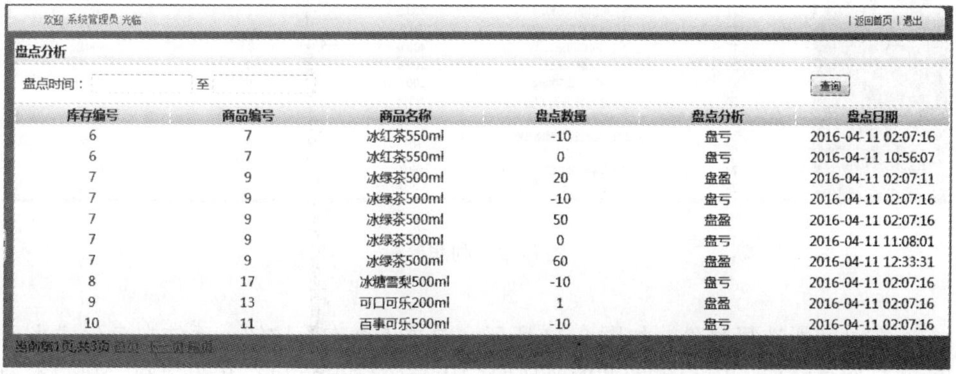

库存编号	商品编号	商品名称	盘点数量	盘点分析	盘点日期
6	7	冰红茶550ml	-10	盘亏	2016-04-11 02:07:16
6	7	冰红茶550ml	0	盘亏	2016-04-11 10:56:07
7	9	冰绿茶500ml	20	盘盈	2016-04-11 02:07:11
7	9	冰绿茶500ml	-10	盘亏	2016-04-11 02:07:16
7	9	冰绿茶500ml	50	盘盈	2016-04-11 02:07:16
7	9	冰绿茶500ml	0	盘亏	2016-04-11 11:08:01
7	9	冰绿茶500ml	60	盘盈	2016-04-11 12:33:31
8	17	冰糖雪梨500ml	-10	盘亏	2016-04-11 02:07:16
9	13	可口可乐200ml	1	盘盈	2016-04-11 02:07:16
10	11	百事可乐500ml	-10	盘亏	2016-04-11 02:07:16

图 8-30　库存盘点结果

另外，用户可以对选定时间区间内的盘点记录进行查询，方便统计信息，如图 8-31 所示。

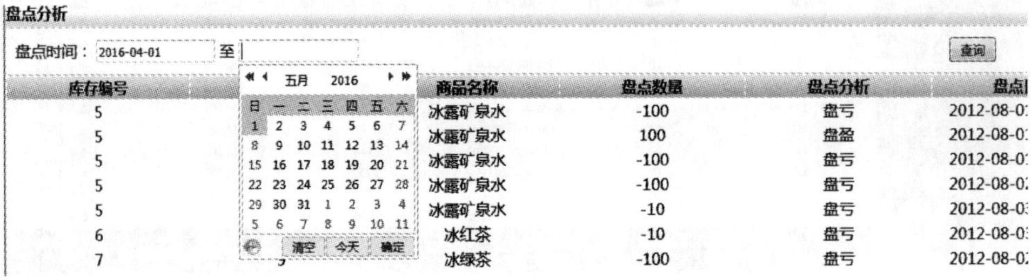

图 8-31 库存盘点查询

8.5.7 利润分析

利润分析模块为用户提供定期内的利润数据。利润分析首页显示历史分析记录，如图 8-32 所示。

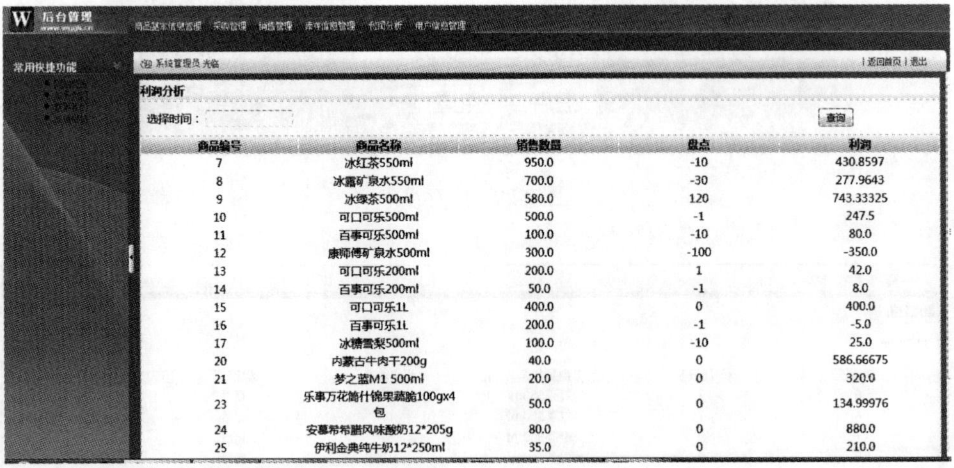

图 8-32 利润分析

在时间栏选择月份，如图 8-33 所示，单击【查询】按钮，系统自动生成当月的商品销售情况，用户能够获取阶段时间内每笔销售的利润及总利润。利润查询结果如图 8-34 所示。

图 8-33　选择月份

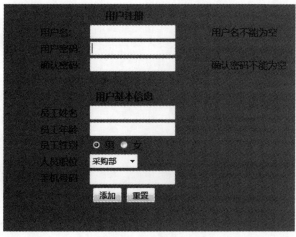

图 8-34　利润查询结果

8.5.8　用户管理

用户管理包括用户基本信息管理和注册新用户，用户管理模块首页可以根据员工编号查询员工的详细个人信息。注册用户需要按规范填写新用户详细信息，必填项目不得为空，否则不能添加，按要求填写完毕后，单击【添加】按钮，验证成功，可以将新用户添加到系统中，如图 8-35 所示。

图 8-35　添加新用户

8.5.9 常用快捷操作

目标系统左侧是一列快捷操作栏,是使用 HTML 完成的界面,包含的内容有【网站公告】、【关于我们】、【联系我们】和【友情链接】,都是关于网站的信息,方便用户了解,如图 8-36 所示。

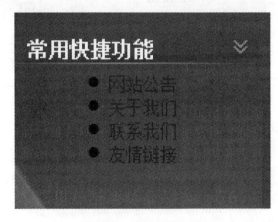

图 8-36　常用快捷操作

第9章 应急值守系统

9.1 研究目的及意义

目前，我国处于突发事件易发期，事故发生总量大、事故发生频率高是当下我国事故发生的主要特点。加强应急管理、提高应急能力，快速处置我国发生的各种类型事故是当下安监部门亟待解决的难题。但现状是：我国的应急值守效率偏低、信息传达不畅，直接制约了安监部门应急值守的水平。

应急值守是综合业务管理中的重要内容，而信息接报是应急值守的核心功能。该项目的实施可以有效地提高案件部门值班室的工作效率，能够全天候、全方位接收事故现场的灾害信息，通过该系统上报上级，上级通过批示和审核可以追踪事故处理进展，实现对事故现场情况的了解和对于现场处置情况的追踪。同时，该项目方便了工作人员的信息管理工作，促进了远程办公和无纸化办公，加强了应急值守工作的制度化、信息化建设。

9.2 系统业务流程分析

系统业务流程的主要作用是对系统主要功能的实现进行分析，注重功能实现的时间和条件特性，对实际的业务流程进行分析，使原来的以相关业务人员职能为中心变成以流程为中心，使应急预案在整个系统中得到全过程控制和管理。

本系统的业务分析结果如下：

系统主要分为两大业务模块：事故信息上报处理业务和值班管理业务。

1）事故信息上报处理业务

事故信息上报处理模块的功能是接报员上报事故信息，跟踪并回馈事故信息，领导跟踪关注并审批事故发生信息和处理信息，以期实现对于下级部门处理事故的管理和监督。

流程简述：

①接报员接收到事故信息，在系统网页提交事故信息，事故信息进入待审核状态。

②接报员核对事故信息。事故信息无误的话，事故信息进入到领导批示界面，

等待领导批示；事故信息有误的话，事故信息作废，接报员需返回上一界面重新填写事故信息。

③领导填写批示内容，发布批示，相关批示信息进入到接报员界面中，此时事故信息进入【待办事故】状态。

④接报员可以在系统中看到领导批示的内容，同时根据领导批示，接报员需要将事故处理的结果上报到系统中。

⑤领导查看事故的处理结果，发布最终的事故处理意见，事故信息进入【已办事故】状态。至此，一个事故的处理周期结束。

事故上报处理的业务流程如图 9-1 所示。

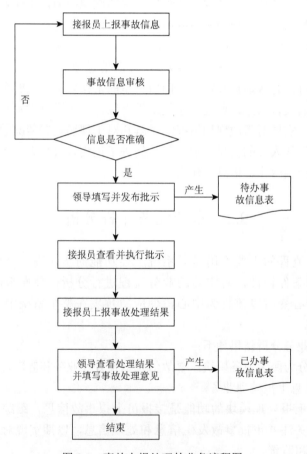

图 9-1　事故上报处理的业务流程图

2）值班管理业务

值班管理业务模块的功能是领导安排值班人员，值班人员查看并实际到岗，填写到岗等级，领导可以通过查看到岗信息管理并监督接报员的工作。

流程简述：

①领导负责安排接报员值班班次及日程，提交到系统中。

②接报员查询值班班次，按照时间要求值班，并填写值班到岗登记表，提交到系统中。

③领导可以查看接报员到岗情况，了解各班接报员的到岗信息。

值班管理业务流程图如图 9-2 所示。

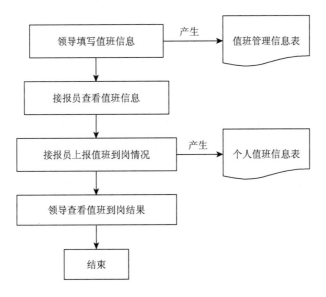

图 9-2　值班管理业务流程图

9.3　系统体系结构

整个系统功能主要分为三个模块，第一个模块是事故上报及批示模块，第二个模块是值班管理模块，第三个模块是对于事故信息的查询模块。

第一个模块的功能是事故上报、处理和批示，该模块是应急值守系统的主要功能模块。接报员上传事故信息和事故处理结果，领导依次发布批示和事故审批结果，最终完成对于事故处理的管理和监督。

第二个模块是值班出勤安排。领导在该模块扮演的是管理者的角色，而接报员是被管理者。领导安排接报员的值班日期和时间，接报员查询值班安排，并在值班后填写值班情况上交给领导，领导可以通过查看值班到岗情况来监督接报员的工作。

第三个模块是对于事故信息的查询和导出。在该模块，领导和接报员可以通过全部查询或条件查询来查找事故信息,而且查找到的事故信息可以以 Excel 表格的形式导出。

系统体系结构图如图 9-3 所示。

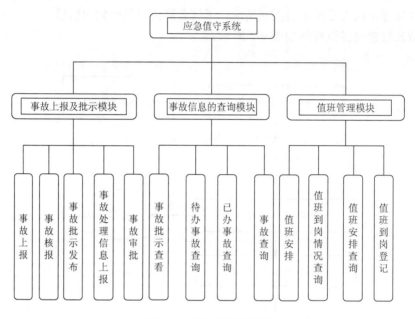

图 9-3　系统体系结构图

9.4　系统设计

9.4.1　功能设计

本系统为应急值守系统,角色分为接报员、领导两种。

接报员角色的权限是上报、核报事故信息并上报事故处理信息,查看领导批示和查询待办、已办事故信息,同时可以查询领导值班安排并填写值班到岗信息。

领导角色的权限是发布事故批示信息,审批事故处理信息,查询所有事故信息,安排接报员值班并查询值班到岗信息。系统角色的不同权限如图 9-4 所示。

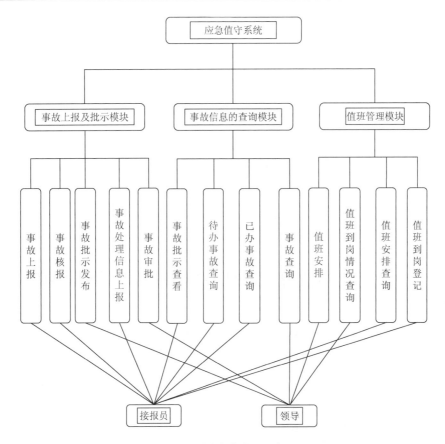

图 9-4 系统角色的不同权限

9.4.2 领导界面功能设计

领导登录以后主要有未批示事故查询、未审批事故查询、值班安排、交接班查看等功能。在【待批示事故】页面对上报的事故做出批示，在【待审批事件】页面中对事故处理结果进行审批，在【值班安排】页面给员工排值班表，在【交接班查看】页面查询员工值班交接情况。

9.4.3 接报员功能设计

接报员作为主要的用户，注册登录以后拥有事故信息上报、事故信息核报、领导批示查看、待办事项查看、已办事项查看、值班到岗登记、值班安排查询等功能。在【事故上报】页面填写相关的事故详情，然后单击【提交】按钮；随后在【事故信息核报】页面核实信息，如果无误，在下拉框中选择无误并提交，上报功能完成。然后，可以在【查询页面】查询相应的领导批示、未上报事故、已上报事故。在【值班到岗登记】页面填写自己的值班信息，在【值班安排查询】页面查询自己的值班时间等信息。

9.5 数据库设计

数据库表依据实体-联系图设计，系统中的每个实体的属性表现在表的列名。数据库名为 new_project，数据库表名以及属性如下所述。

（1）事故信息表（accident_Info）

事故信息表是为描述事故的具体信息而设计的，表的属性包括事故编号（SGBH）、事故名称（SGMC）、事故内容（SGNR）、事故时间（SFSJ）、事故地点（SFDD）、事故类型（SGLX）、事故级别（SGJB）、是否核报（SFHB）、核报信息（HBXX）、领导批示（LDPS）、处理结果（CLJG）、领导意见（LDYJ）。具体信息见表 9-1。

表 9-1 事故信息表（accident_Info）

字段	数据类型	字段说明	是否为空
SGBH（主键）	Varchar（50）	事故编号	Not null
SGMC	Varchar（50）	事故名称	Not null
SGNR	Varchar（max）	事故内容	Not null
SFSJ	Datatime	事故时间	Not null
SFDD	Varchar（50）	事故地点	Not null
SGLX	Varchar（50）	事故类型	Not null
SGJB	Varchar（50）	事故级别	Not null
SFHB	Varchar（50）	是否核报	Null
HBXX	Varchar（50）	核报信息	Null
LDPS	Varchar（max）	领导批示	Null
CLJG	Varchar（max）	处理结果	Null
LDYJ	Varchar（max）	领导意见	Null

（2）人员信息表（Basic_Info）

人员信息表存储的是注册人员个人基本信息的数据表。表的属性有人员编号（RYID）、人员姓名（RYXM）、人员职位（RYZW）、直属机构（ZSJG）、办公电话（BGDH）、住宅电话（ZZDH）、手机（SJ）、单位（DW）。具体信息见表 9-2。

表 9-2　人员信息表（Basic_Info）

字段	数据类型	字段说明	是否为空
RYID（主键）	Varchar（50）	人员编号	Not null
RYXM	Varchar（50）	人员姓名	Not null
RYZW	Varchar（50）	人员职务	Not null
ZSJG	Varchar（50）	直属机构	Not null
BGDH	Varchar（50）	办公电话	Not null
ZZDH	Varchar（50）	住宅电话	Not null
SJ	Varchar（50）	手机	Not null
DW	Varchar（50）	单位	Not null

（3）个人值班信息表（duty_Info）

个人值班信息表记录值班人员的值班情况。表的属性包括人员姓名（RYXM）、值班日期（ZBRQ）、值班类型（ZBLX）、交换班时间（JHBSJ）、值班意见（ZBYJ）。具体信息见表 9-3。

表 9-3　个人值班信息表（duty_Info）

字段	数据类型	字段说明	是否为空
RYXM	Varchar（50）	人员姓名	Not null
ZBRQ	Varchar（50）	值班日期	Not null
ZBLX	Varchar（50）	值班类型	Not null
JHBSJ	Varchar（50）	交换班时间	Not null
ZBYJ	Varchar（50）	值班意见	Not null

（4）值班管理信息表（dutyManagement_Info）

值班管理信息表记录领导安排的值班情况。表的属性包括值班日期（ZBRQ）、值班类型（ZBLX）、人员姓名（RYXM）。具体信息见表 9-4。

表 9-4　值班管理信息表（dutyManagement_Info）

字段	数据类型	字段说明	是否为空
ZBRQ	Varchar（50）	值班日期	Not null
ZBLX	Varchar（50）	值班类型	Not null
RYXM	Varchar（50）	人员姓名	Not null

（5）登录信息表（Login_Info）

登录信息表记录了可登录系统人员的账号、密码、身份信息。表的属性有用户 ID（RYID）、密码（PW）、身份（SF）。具体信息见表 9-5。

表 9-5 登录信息表（Login_Info）

字段	数据类型	字段说明	是否为空
RYID（主键）	Varchar（50）	用户 ID	Not null
PW	Varchar（50）	密码	Not null
SF	Varchar（50）	身份	Not null

（6）事故单位信息表（unit_Info）

事故单位信息表记录了事故单位的基本信息。表的属性有单位名称（DWMC）、单位地址（DWDZ）、单位性质（DWXZ）、联系电话（LXDH）、事故编号（SGBH）。具体信息见表 9-6。

表 9-6 事故单位信息表（unit_Info）

字段	数据类型	字段说明	是否为空
DWMC（主键）	Varchar（50）	单位名称	Not null
DWDZ	Varchar（50）	单位地址	Not null
DWXZ	Varchar（50）	单位性质	Not null
LXDH	Varchar（50）	联系电话	Not null
SGBH	Varchar（50）	事故编号	Not null

9.6 系统实现

9.6.1 功能设计概况

根据系统功能，系统整体可以分为浏览者界面、注册界面、登录页面、接报员界面和领导界面。

其中，浏览者界面是整个系统的门户，访问该页不需要拥有系统账号。在该页，浏览者可以查看到当前未处理事故和已处理事故的简单信息。若浏览者要了解更多事故信息，则要通过单击页面下方的【系统登录】按钮打开登录界面，输入人员 ID 和密码后登录该系统。

注册界面和登录界面是浏览者进入系统必须要打开的界面。对于新用户来说，系统需要用户完成注册后才能登录。

接报员界面包括事故上报界面、事故核报界面、事故处理结果上报界面、事故批示查看界面、待办事故查询界面、已办事故查询界面、值班安排查询界面、值班到岗登记界面。其中，事故上报界面、事故核报界面、事故处理结果上报界面属于事故上报及批示模块。事故批示查看界面、待办事故查询界面、已办事故查询界面属于事故信息查询模块。值班安排查询界面、值班到岗登记界面属于值班管理模块。

领导界面包括事故查询界面、待批示事故界面、待审批事故界面、值班安排界面、交接班查看界面。

9.6.2 浏览者主要页面

浏览者界面是不分身份的浏览者都能查看的网页，本系统的浏览者界面如图 9-5 所示。在该界面，浏览者可以查看到未处理事故和已处理事故的简要信息。若浏览者想查看事故的具体信息，则必须单击下方的【系统登录】按钮，进入到登录界面。

图 9-5 系统的浏览者界面

9.6.3 登录注册界面

1. 注册界面

第一次登录本系统，可以通过登录界面的【注册】按钮跳转到注册界面进行注册（图 9-6）。

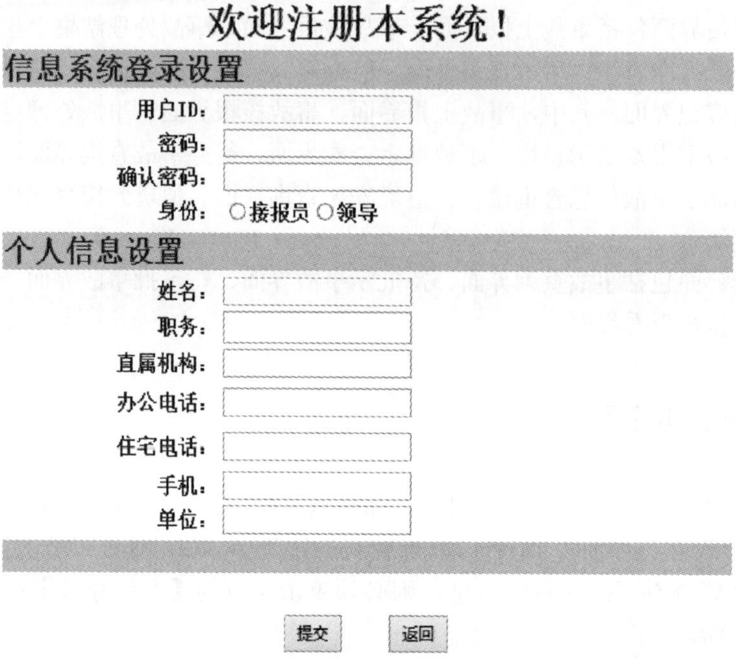

图 9-6 注册界面

第一步：按要求填写好注册信息（图 9-7）。

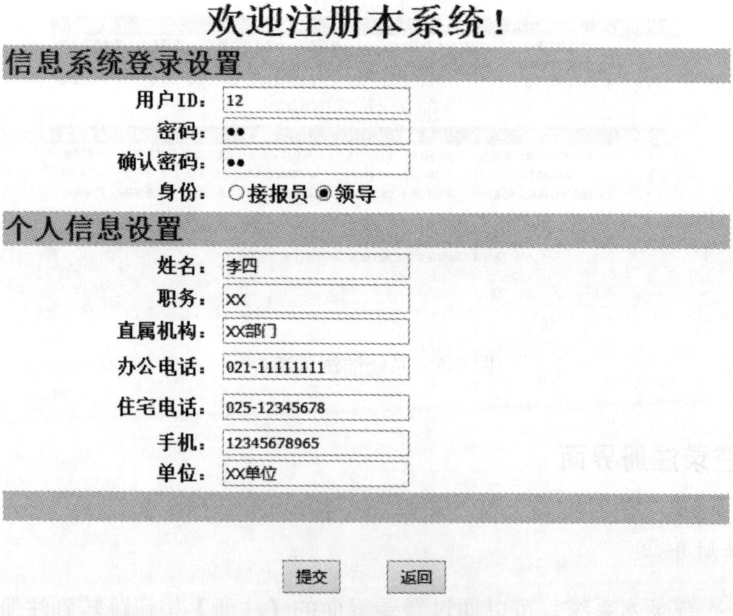

图 9-7 注册完成界面

第二步：单击【提交】按钮，完成注册（图9-8）。

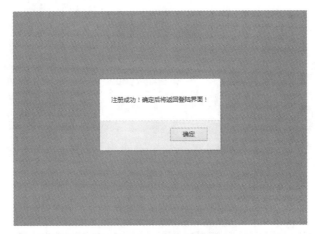

图9-8 注册完成界面

2. 登录界面

进入系统必须要通过登录界面进入该值守系统，该值守系统分为接报员、领导两种身份，用户需要填写用户名、密码并选择正确的身份进入该系统。界面如图9-9所示。

图9-9 登录界面

第一步：填写正确的用户名、密码并选择正确的身份（图9-10）。
第二步：单击【登录】按钮，进入系统（图9-11），主界面如图9-12所示，主界面上部分为登录身份显示和退出系统链接，下部左侧为导航区域，右侧为相关处理界面。

图 9-10　系统提示界面

图 9-11　登录成功

图 9-12　主界面

9.6.4 接报员页面

1. 事故上报界面

事故上报界面是接报员的权限界面,接报员需要把事故发生的相关信息填写在该界面,提交至系统中。

第一步:按照界面要求填写事故信息、事故单位信息(图 9-13)。

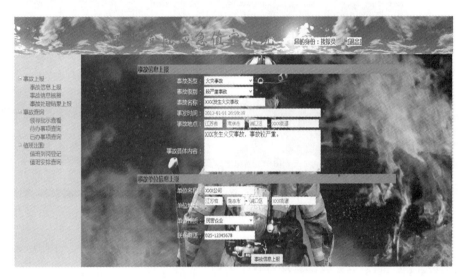

图 9-13　填写事故界面

第二步:单击【事故信息上报】按钮,上报事故信息(图 9-14)。

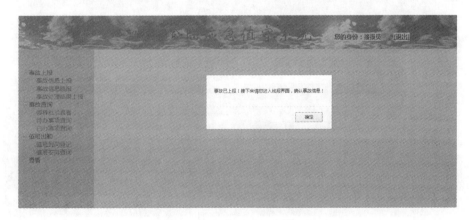

图 9-14　事故上报成功界面

2. 事故核报界面

事故核报界面是核对事故信息的界面，在该界面完成事故信息的核对。若无误，则该信息转向领导界面中的批示发布界面。

第一步：打开该界面，所有待核报事故信息显示在该页面（图9-15）。

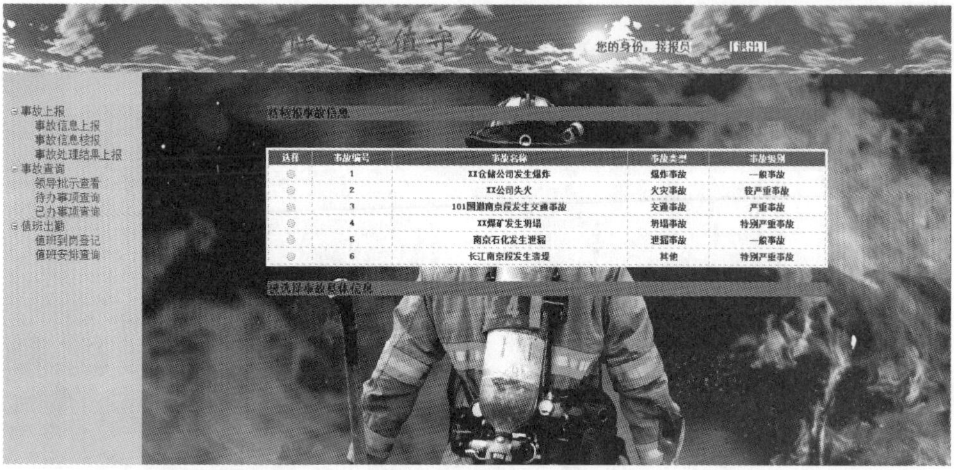

图 9-15　显示事故界面

第二步：选择事故左边【选择】选项，选择该事故，查看该事故具体信息，进行核对（图9-16）。选择核对信息是否有误，单击【核对信息提交】按钮，提交核对信息（图9-17）。

图 9-16　审核事故界面

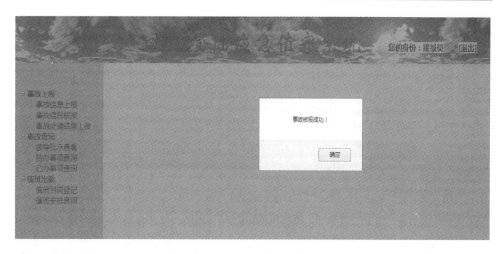

图 9-17　审核成功界面

3. 事故处理结果上报界面

该界面是接报员收到已批示的事故进行事故处理信息上报的界面。

第一步：打开界面，单击【事故名称】列中的事故标题，查看该事故具体信息，包括事故信息、事故单位信息（图 9-18）。

图 9-18　查看事故细节界面

第二步：选择数据表左列的【选择】选项，单击【单选】按钮，弹出该事故处理结果上报部分。在【事故处理结果】文本框中输入事故处理信息（图 9-19），单击【处理结果上报】按钮，提交处理结果（图 9-20）。

图 9-19　事故处理界面

图 9-20　事故处理结束界面

4. 事故批示查看界面

该界面可以查看所有还没有上报处理结果的事故信息和该事故的领导批示内容，相关部门可以通过该界面更加方便地查看到领导批示的内容。

第一步：打开界面，单击【事故名称】列中的事故标题，查看该事故具体信息，包括事故信息、事故单位信息（图 9-21）。

图 9-21 事故批示查看界面

第二步：选择数据表左列的【选择】选项，单击【单选】按钮，弹出该事故批示内容（图 9-22）。

图 9-22 领导审批界面

5. 待办事故查询界面

该界面是查询哪些领导已经发布批示，但还未上报处理结果的事故信息，并可以将查询到的事故信息以 Excel 格式导出。

第一步：打开该界面，接报员可以选择【全部查询】（图 9-23）和【条件查询】（图 9-24）选项，单击【查询】按钮。

图 9-23 待办事故查询界面

图 9-24 模糊查询待办事宜界面

第二步：查询事故信息，单击【以 Excel 导出】按钮，导出待办事故信息表（图 9-25）。

图 9-25 导出界面

6. 已办事故查询界面

该界面是查询那些接报员已经上报处理信息且领导也已经发布审批意见的事故信息，并可以将查询到的事故信息以 Excel 格式导出。

第一步：打开该界面，接报员可以选择【全部查询】（图 9-26）和【条件查询】（图 9-27）选项，单击【查询】按钮。

图 9-26　接报员查询界面

图 9-27　接报员模糊查询界面

第二步：查询事故信息，单击【以 Excel 导出】按钮，导出已办事故信息表（图 9-28）。

图 9-28　导出界面

7. 值班到岗登记界面

接报员在交换班时需要到该界面填写值班到岗信息。接报员按照要求填写值班到岗信息（图 9-29），然后单击【提交】按钮即可（图 9-30）。

图 9-29　值班到岗登记界面

图 9-30　登记成功界面

8. 值班安排查询界面

该界面数据来源于领导安排的值班表，接报员可以通过输入日期，查询该日期的值班安排情况（图 9-31）。

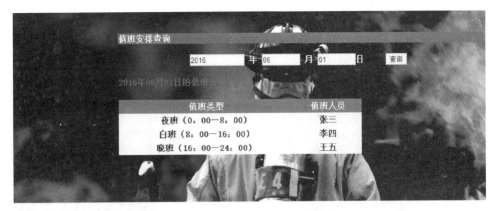

图 9-31　值班安排查询界面

9.6.5　领导页面

1. 事故查询界面

领导界面中的事故查询界面可以查询到所有的事故信息，包括待办事故和已办事故。

第一步：打开该界面，接报员可以选择【全部查询】（图 9-32）和【条件查询】（图 9-33）选项，单击【查询】按钮。

图 9-32　事故查询界面

图 9-33　事故模糊查询界面

第二步：查询事故信息，可以单击【以 Excel 导出】按钮，导出查询到的事故信息表（图 9-34）。

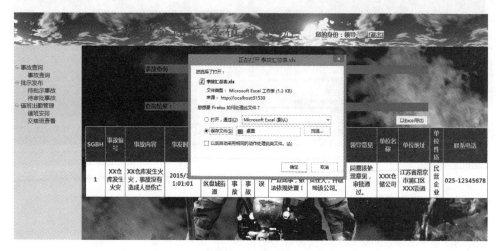

图 9-34　导出界面

2. 待批示事故界面

该界面的数据来源于接报员中已核报的事故，当核对无误的事故信息转到该界面时，领导需要查看该事故，并发布该事故批示，批示可用于指导下级部门工作。

第一步：单击【事故名称】列中的事故标题，查看该事故具体信息，包括事故信息、事故单位信息（图 9-35）。

图 9-35　领导待批示界面

第二步：选择数据表左列的【选择】选项，单击【单选】按钮，弹出该事故批示发布相关内容（图9-36）。

图 9-36　领导批示界面

第三步：领导可以在文本框中输入批示内容（图9-37），单击【批示发布】按钮，完成批示发布（图9-38）。

图 9-37　领导输入批示内容

3. 待审批事故界面

该界面针对那些已经上报过处理结果的事故，领导需要在该界面填写审批意见。领导填写完审批意见后，该事故就成了已办事故。

图 9-38 领导批示成功

第一步：打开该界面，可以直接看到处理结果已上报的事故信息（图 9-39）。

图 9-39 领导查看处理事故信息

第二步：领导可以选择左边【选择】列中的单选选项，选择该事故。在【请您填写处理意见】文本框中输入审批处理意见（图 9-40），单击【处理意见提交】按钮提交该信息（图 9-41）。

图 9-40 领导输入处理意见

第 9 章　应急值守系统

图 9-41　处理意见提交成功

4. 值班安排界面

值班安排界面是用来安排接报员值班的界面，此权限属于领导。领导安排完值班人员后，接报员可以在值班安排查询界面中查看。

第一步：打开该界面，选择要进行值班安排的日期，单击【确定】按钮（图 9-42）

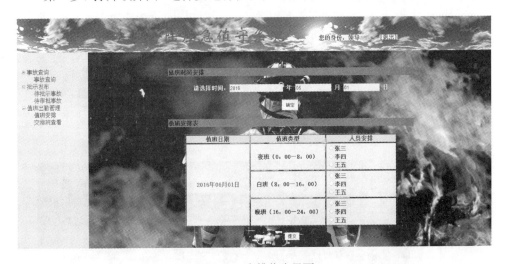

图 9-42　安排值班界面

第二步：单击值班人员前的单选选项（图 9-43），单击【提交】按钮，提交值班安排信息（图 9-44）。

5. 交接班查看界面

交接班查看界面是为了方便领导督促、了解接报员到岗情况而设置的，领导可以直接输入要查询的日期，查询这天的值班到岗情况（图 9-45）。

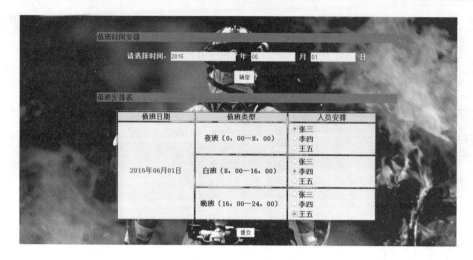

图 9-43　选择值班人员界面

图 9-44　选择成功界面

图 9-45　查询值班情况

参 考 文 献

明日科技. 2012. ASP. NET 从入门到精通. 4版. 北京：清华大学出版社.
软件开发技术联盟. 2016. ASP. NET 开发实例大全. 北京：清华大学出版社.
邵良杉，刘好增，马海军. 2012. ASP. NET（C#）4.0 程序开发基础教程与实验指导. 北京：清华大学出版社.
沈士根，汪承焱，许小东. 2014. Web 程序设计——ASP. NET 上机实验指导. 2版. 北京：清华大学出版社.
唐植华. 2012. ASP. NET4.0 动态网站开发基础教程. 北京：清华大学出版社.
王成良，祝伟华，柳玲，等. 2013. Web 开发技术. 2版. 北京：清华大学出版社.
肖宏启. 2015. ASP. NET 网站开发项目化教程. 北京：清华大学出版社.
曾探. 2015. JavaScript 设计模式与开发实践. 北京：人民邮电出版社.
Freeman A，Mac Donald M，Szpuszta M. 2014. 精通 ASP. NET 4.5.5 版. 石华耀，译. 北京：人民邮电出版社.
Penberthy W. 2016. ASP. NET 入门经典. 9版. 李晓峰，高巍巍，译. 北京：清华大学出版社.
Zakas N C. 2012. JavaScript 高级程序设计. 3版. 李松峰，曹力，译. 北京：人民邮电出版社.